見面即成交！

日本傳奇業務員打造上億業績的實戰法則

超級業務大全

前保德信壽險公司傳奇業務
金沢景敏 著

邱香凝 譯

前言

「看起來好像一直在玩」的人，為什麼能持續做出壓倒眾人的業績呢？

「金沢先生，我看你好像一直在玩嘛。」

大約兩、三年前開始，朋友經常對我說這樣的話。我自認拚了命地在工作，聽到人家這麼說不但吃驚，也很訝異大家怎麼會這麼想我。

不過，就算我說「才沒這回事呢」，也沒有人聽得進去。為什麼「看起來好像一直在玩」的我，卻能在保德信人壽業務這份工作上做出無人不認同的壓倒性成績呢？大家都說這真是太不可思議了。

的確，我這兩、三年來，幾乎已經不再揮汗「賣保險」了。

穿上西裝跑業務的次數減少，雖然每天都會和許多人見面，但聊起「保險相關話題」的機率也大幅降低（所以看在旁人眼中，才會像是「一直在玩」吧）。即使如此，值得感恩的是，還是持續有人聯絡我，說他們想跟我買保險。

不只如此，這些聯絡我的客戶們，幾乎都已打定主意「要跟金沢買保險」了。接下來我只要仔細了解客戶狀況，提出最符合客戶需求的保險計畫，就能簽訂合約。**幾乎可說百分之百「商談即簽約」的好運狀況**就此誕生。

「真的會有這種天上掉下來的好事嗎？」

或許有人會這麼想。當然了，這種狀況絕對不是「自然」發生的。

二〇一二年，我三十三歲時辭去ＴＢＳ電視台的工作，成為保德信人壽的業務員。在那之後，我以自己的方式嘗試摸索，不斷經歷錯誤，一點一滴建立起如今看來「非常好運」的狀況。

當業務時承受了伴隨痛苦的「洗禮」

不用說，一開始我也吃了不少苦頭。

剛成為保險業務時，我和眾人一樣接受了震撼的「洗禮」。那就是一般人對「拉保險的」所抱持的「否定」態度。

我之所以離開ＴＢＳ電視台，是因為發現自己拜電視台這張「金字招牌」所賜，受到身邊眾多吹捧諂媚，卻錯以為是自己有多了不起，這種心態實在太丟臉了。所以，我想進入全佣金制的保德信人壽，證明自己的實力給人家看。**我下定決心，一定要成為不依靠公司「招牌」，只靠「自己實力」生存的人。**

然而，現實可沒這麼簡單。

失去ＴＢＳ這塊「金字招牌」的我，徹底明白自己的力量有多渺小。

還在電視台工作時，只要遞出名片，人人都會上前討好。相較之下，遞出保德信人壽的名片，首先對方就不會給我什麼好臉色看。其中也不乏毫不掩飾否定眼光，像在對我說「什麼嘛，是保德信喔……」的人。

儘管我已做好某種程度的心理準備，但當自己真的遭到這種否定時，心裡還是不太好過。尤其是當原本與我關係親近的朋友態度變得冷淡，甚至開始拒絕與我見面時，我也體驗到了令人心碎的痛苦。

正因「想賣」，所以才「賣不出去」

即使如此，我也只能繼續向前走。

因為是全佣金制，簽不了保單就沒有收入。為了養家，我只能咬緊牙根努力。無論遭人如何否定，無論自尊受到多少傷害，我也只能拚了命地四處爭取與人見面的機會，努力推銷保險。

可是，進保險公司半年後，我很快面臨無路可走的窘境。

一般來說，從事保險業務的人，一開始都會先從親戚朋友開始推銷，我也不例外。問題是，雖然有看在「人情」份上跟我買保險的人，卻有更多人排斥「試圖賣保險的我」，而深深傷害了我與親朋好友之間的關係，這樣的情況愈來愈多。

不只如此，有些保險員會請朋友再介紹其他人來買保險，我卻沒有太多願意為我介紹的朋友。結果，半年後，終於沒有半個能開發新訂單的對象。

「這樣下去就完了……」

白天在外跑業務時沒空想這麼多，結束一天工作，晚上躺在床上準備睡覺時，迫切的焦慮不安使我胃痛不已，晚上經常睡不著覺。人際關係受損，孤立感逐漸加深，落入「人生谷底」狀況的我，除了焦慮之外別無他法。

那段時間，我真的過得很痛苦。

老實說，也曾後悔轉換跑道，認為自己不該選擇當個保險業務。

可是現在回想起來，當時的「走投無路」對我來說，其實是一件好事。**正因當時的我很清楚「這樣下去就完了」，才會幾近強制地要求自己「非改變想法不可」**。

「我決定不再試圖賣保險了。」

那時的我這麼想。當然，身為一個保險業務，我迫切需要「眼前的業績」。然而，那時的我一心想「賣出保險」，為的只是自身的利益，跟客戶一點關係也沒有。

不但如此，當做業務的一心只想銷售時，只會讓客戶退避三舍，增加客戶對業務的不信賴感。換句話說，正因為「想賣」，所以才「賣不出去」。比起一味推銷兜售，更重要的是先爭取眼前客戶對「我這個人」的信賴。與其先抓住「眼前的業績」，不如累積「名為信賴的資產」，對業務員來說才更有價值。我開始轉換念頭這麼想。

為什麼轉換為這樣的思考呢？因為只要與人建立「買保險找金沢就對了」的信賴關係，等到對方「想買保險」時，一定會第一個聯絡我。或者，當對方的親朋好友想買保險時，他也肯定願意幫我介紹。

對方可能一年後才買保險，也可能五年後、十年後才買。也說不定他這輩子都不會買。但是這也無妨。

總之，腳踏實地增加信賴「我這個人」的人數，這才是最重要的事。只要「母數」增加了，來聯繫我買保險的人數一定會增加，找我簽訂的保單也會確實增加。我就此打定主意，認為只要累積「名為信賴的資產」，自然看得到「結果（業績）」。

為了贏得客戶的信賴就要鍛鍊「業務思考」

於是，我開始了一連串嘗試與錯誤。

該怎麼做，才能增加接觸的客戶人數呢？

想讓客戶願意與我見面，該用什麼方式接觸才好呢？

想讓客戶對我敞開心扉，該如何展開溝通才對呢？

想獲得客戶的信賴，該怎麼做呢？

用什麼方法，客戶才會願意幫忙介紹新客戶呢？

就像這樣，我站在各種角度思考怎麼做才能累積「名為信賴的資產」，有意識地改變自己的言行舉止。

起初幾乎沒有任何順利進展。我建立假設，加以執行，觀察客戶反應，再著手修正。反覆上述PDCA（Plan-Do-Check-Act的簡稱）的流程，逐步鍛鍊出屬於我自己的一套「業務思考」。

接著，這套思考帶來了戲劇性的變化。

進入保德信人壽第一年，我在個人保險部門全國三千兩百位業務員工中，拿下了第一名的業績。進公司前半年時撞上的那堵「牆」宛如一場夢。到了年度末，客戶介紹給我的案子急速增加，使我實現了奇蹟式的後來居上。

不只如此，進公司第三年，我達成一流壽險理財專業人士最高組織「百萬圓桌協會MDRT（Million Dollar Round Table）」六倍基準的「Top of the table（TOT）」。在日本壽險業務員登錄者約一百二十萬人當中，每年只有六十人左右能獲得這個資格。能夠通過這道「窄門」，對我而言真是非常光榮的事。

此後，我不斷重溫自己的「業務思考」，如本文開頭所寫，達到即使不用揮汗「賣保險」，也能維持高額業績的成果。最後，我甚至達到TOT基準的四倍業績。

改變「思考」，「世界」也會隨之改變

我並沒有做任何特殊的事。

我做的，都是誰也辦得到的事。說那些是天經地義的事也不為過。重要的是在背後支持具體行動的「思考法」。我在「撞牆期」中，精神上「陷入谷底」時轉換「思考」，從「只為眼前業績工作」，將工作內容改變為「累積名為信賴的資產」。徹底實踐執行這套「思考法」的結果，就是成功打造出「不推銷也賣得掉」，讓客戶說出「想跟你買」的環境。

本書將毫不藏私地傳授這套「思考法」。

日文原書名取為《超★業務思考》，有「超越」業務（＝賣）的意思，超越固有的「業務思考」，才能做出壓倒眾人的業績。

如果拿起這本書的你，也像過去的我那樣正面臨「撞牆期」，我最想告訴你的是——現在正是機會來臨的時候。一如過去的我，**正因陷入了「撞牆期」，才得以遇上轉換「思**

考法」的大好機會。

那時，我實際體會到一件事。

改變「思考」，就像為「我這個人」換個司機。

比方說，同一輛車由我來開，和由職業賽車手來開，跑起來的樣子肯定完全不同。明明是同一輛車，只是司機換人而已。換句話說，「我這個人」的規格不變，只是換個駕駛的人，「跑起來的樣子」就改變了。從車窗望出去的「風景」也將完全不同。這就是我說的，改變「思考」，「世界」也會隨之改變。

這不是「變化」，而是「質變」。

只要改變「思考」，人會在一瞬間變成不同的樣子。我確信，同樣的「質變」一定也會降臨正在閱讀本書的各位身上。

金沢景敏

【目次】

第2章 累積看不見的「資產」

第3章 與客戶建立「We的關係」

第4章 別迎合客戶，要服務客戶

第5章 結果不是「做出」來，是自然而然「出現」的

第6章 巧妙運用「影響力」

第1章 業務是一種「機率論」

1 拋棄虛假的「自尊」

無法「逃避」，只能「克服」

自尊受傷了──

這是所有做業務的人都必須面對的「洗禮」。

說得直接一點，業務員的立場比買下商品的客戶低，這是很正常的事，自尊如果受傷，也在所難免。事實上，其中也有態度明顯「看低」業務的客戶，只能說這是「無可奈何」的事。

任何人自尊受傷都很難受，但是，既然無法避免，我們能做的只有一件事，就是「克服」它。要是不能克服自尊受傷的「洗禮」，就無法站上業務員的起跑線。

我成為業務員後，也受過這種「震撼洗禮」。

某種程度來說，那是預料之中的事。追根究底，我辭去TBS的工作並非出於對原本職場的不滿，只是**頂著TBS的光環受人逢迎諂媚，卻誤以為自己了不起，發現這樣的自己很丟臉，我才決定辭職。**

也因此，我想在全佣金制的保德信人壽證明「自己的實力」。

不仰賴公司光環，而是做一個即使微小，也能靠自己散發光芒的人。失去TBS這塊「金字招牌」的庇佑，或許會落得招人輕視的下場，我仍下定決心從谷底往上爬，成為頂尖業務。

無論遭到多少「否定」，讓客戶買下還是唯一的「路」

然而，現實可一點不簡單。

保險業務員一開始多半找親戚朋友拉保險，我也不例外。問題是，當我打電話給電視台時代交情好的朋友說「想聊聊保險的事」，很多人都會找各種理由拒絕。不只如此，下次再打的時候，還發現自己被設定為「拒接來電」，人家再也不接我電話了。

尤其是離職時說過「我會第一個跟你買保險」的人，我轉職後，志得意滿地打電話過去，卻完全聯絡不上對方，從此音訊不通，令我愕然不已。簡單來說，**辭去TBS工作的我，對那些人而言「已無往來價值」。這種感覺，就像我身為一個人的價值也遭到了「否定」。**

至於初次見面的對象，他們的態度更是毫不掩飾。

曾經一遞上保德信人壽的名片，對方就說：「什麼嘛，是保德信喔……」，也曾跟好幾個人一起聚餐，大家說要成立一個臉書社團，我想申請加入時卻被說「社團不需要『拉保險』的」，以此為由無視我。

透過熟人介紹，和年紀比我小的上班族見面聊保險，對方明顯露出不耐煩的態度，翹起二郎腿叼著香菸，以不屑的語氣說：「要聊什麼？我可沒打算買保險喔。」聽得我都快要發飆了，那次真的很驚險……

這種小故事要多少有多少。

我的自尊每天都傷痕累累。這樣的痛苦，完全超乎我想像。在我心中，漸漸掀起了一股「憤怒」漩渦。大阪出身的我，用關西腔在心裡撂狠話。

「為啥我就得忍受這種待遇？我是做錯什麼了？」

「竟然把我設成拒接來電……聽我講一下又不會怎樣，這些人度量也太小了！」

「只因為我是業務就否定的傢伙，真是有夠爛……」

雖然現在回頭想想，只會覺得那樣想的自己很丟臉。但是當時，我真的像這樣在內心不斷責怪那些（我認為）否定了我的人。

還有，我得老實說，當時我也有點後悔辭去TBS的工作。什麼「不仰賴公司的光環，做一個即使微小，也能自己散發光芒的人」嘛，我心想，早知道就別說這種漂亮話。

然而，後悔已經太晚了。

TBS是回不去了，也不可能辭掉保德信人壽的工作。當時我已結婚，有年幼的小孩要養，家裡還有未繳完的高額房貸。而且，我在保德信人壽的工作屬於全佣金制，工作拿不出成果，就等於沒有收入。**就算被當成「拉保險的」遭人否定，我也只有一條「路」可走，那就是讓客戶買單。**

受他人評價左右的「自尊」不值得稱為「自尊」

沒有退路了——

發現這點的我，除了好好面對自己之外，別無他法。

我問自己「為什麼那麼生氣？」

於是我覺察到一件非常重要的事。

無論當電視台員工也好，當壽險業務也好，「我這個人」並沒有任何改變。明明是這樣，卻被扣上「拉保險的」帽子，遭人否定而傷害自尊，這點讓我無法忍受。我不能原諒那些人如此看待「我這個人」。原來我是這樣想的。

可是，這時我也發現，「這樣就受傷，未免太遜了吧？」

因為那些讓我感到受傷的「自尊」，其實只是受到他人「評價」左右的東西罷了。

「別人不認同我就受傷，這種自尊真的稱得上是自尊嗎？執著於這種事的我，未免太小家子氣了吧？」

想到這裡，我忽然想起了昔日在京都大學美式足球隊中一起揮汗打球的某位同學。

想擁有不受動搖的「自尊」，該做的只有一件事

那位同學，從一年級開始就一直是候補球員。

個性絕對稱不上開朗的他，和愛熱鬧的我，交情也不是特別親密。然而，我卻莫名對他感到好奇。

這是因為，在眾人眼光多半集中在正式球員的狀況下，他雖然是個完全不引人注意也

不起眼的球員，態度卻總是落落大方，泰然自若。他從來不埋怨，比隊上所有人都嚴格練習，在所有人練完球後，他仍一個人滿身泥巴，默默重複基礎訓練。

想起他的身影，我發現一件事。

他擁有的，才是「真正的自尊」。

他打從內心熱愛美式足球，為了成為優秀球員，盡己所能地努力。同時，我認為他對這個比任何人都努力的自己很「自豪」。不管當上正式球員還是繼續當個候補球員，他的「自尊」都不會受到影響。正因如此，就算只有正式球員能得到周遭的讚美，他也不受動搖，保持不卑不亢的態度。

而且，在學校最後一年的四年級時，他終於在一場重要比賽中當上正式球員，成為球隊中不可或缺的存在。即使如此，他的態度和過去依然沒有任何不同，沒有自以為是，也依然比任何人更持續嚴格訓練。腦中浮現這樣的他，我心想：「這傢伙真是太帥氣了。」

丟掉虛假的「自尊」吧

於是，我這麼想。

「被他人否定就受傷的「自尊」，不過是虛假的自尊。這種東西丟掉也罷。

世人要不要否定「拉保險的」，那是他們的自由，與我無關。他們要覺得我是個「拉保險的」也無所謂，我只要接受就好。「沒錯，我就是個拉保險的」。

「拉保險的」只有賣得掉保險才有價值，為此，我只能盡我最大限度努力。**只要付出的努力是不會讓自己引以為恥的東西，別人的評價就絕對不會動搖我的「自尊」**。我認為這才是「真正的自尊」。

在那之後，我依然一再遭到否定，也經歷了許多失敗。

然而，正因從那位「候補球員」同學身上學到的「真正的自尊」，我才能不屈不撓地繼續努力。

他為了「成為一個出色的美式足球員」，既不跟任何人比較，也不受來自任何人的評價影響，只是正視自己，持續努力。我認為，這才是唯一能讓自己擁有「真正自尊」的方法。也唯有這種真正的自尊，能讓我變強大。

2 不甘心的事，就用積極正面的態度「記恨」

完全沒必要忍受「被否定」

自尊分成兩種。

一種是只要別人認同就好的「虛假的自尊」，一種是為了對得起自己而努力，所產生的「真正的自尊」。

我發現，聽到別人批評「什麼嘛，只是個拉保險的」，就感到痛苦的我，其實就是太在乎「虛假的自尊」。只要拋棄它，養成「真正的自尊」，就不會被他人評價掌控，成為「強大的自己」。

話雖如此，「遭人否定時」，我也沒打算一味忍受。

因為，別人做了失禮的事，會生氣也很正常吧。這邊低著頭有禮貌地遞出名片，對方卻用不屑語氣說：「什麼啊，保德信喔……」，任誰都會覺得「哇，這傢伙真沒禮貌」吧？說真的，要是年輕時的我，肯定早就開嗆：「瞧不起人喔？你蠢啊你？」一般人都會這樣想吧，我覺得有這種反應很正常。

如果我們對這自然湧現的「怒氣」視而不見，勉強自己吞下這口氣，我認為那是不對的。或者應該說，那是不可能的事。生氣就是生氣了，要是不承認這點，一切都會變成謊言。

重要的是，不要受憤怒的情緒左右。

當然不必直接把怒氣發在對方身上，但也不能像過去的我那樣，只是一直悶在心中委屈地想：「憑什麼我就得遇到這種事？我做錯什麼了嗎？」、「只因我是保險業務就否定人的傢伙，真是爛透了……」這對心理健康不好，無論身為一個人還是身為一個業務員，這麼做只會讓自己無法成長。

「怪罪」他人是毫無建設性的事

這種時候，重要的是要「用積極正面的態度記恨」。

對態度失禮的人生氣也是理所當然的事，沒必要否定自己的情緒。記恨也沒關係。只是，別忘了要用積極正面的態度記恨。**不是一直生悶氣耿耿於懷，而是把「憤怒」和「不甘心」的情緒當跳板，讓自己有所成長。**

簡單來說，就是「不怪罪任何人」。

或者這麼說吧，在心裡怪罪對自己沒禮貌的人有什麼意義？現實世界連一公釐都不會改變……

說得更清楚一點，會展露貶低他人態度的人，根本沒什麼了不起。為了那種人心裡一直放不下，總是為這件事默默生氣，只是浪費內心的精力。這種沒必要的事還是快別做了。

與其如此，不如把對這些人的「怒氣」化為跳板，激勵自己奮鬥，這麼做還更有建設性。所以，在面對那些態度失禮的人時，我經常這麼想：

「那種自以為是又高傲的傢伙，絕對做不來『拉保險的』工作。那些人肯定不會在工作上對人低聲下氣。可是，我絕對要在他們做不來的這份工作上闖出一片天，留下遠遠超過眾人的成績。成為一個讓那些人跑來說『金沢先生，請賣我保險』的業務。」

說起來就像在心裡甩那些傢伙巴掌，讀者可能會覺得我有點粗暴。可是，請別忘了對方可是實際在我面前鄙視我，讓我這麼發洩一下也不為過吧。總而言之，就是要把對對方的「怒氣」轉化為跳板，把注意力放在鼓舞自己這方面。

只有將「箭頭」指向自己人才會成長

我認為像這樣「把箭頭指向自己」非常重要。

怪罪別人時，我們內心的「箭頭」一定是指向對方。但是，「箭頭」其實應該指向自己。當然，沒必要怪罪自己，我的意思是，**要把注意力轉移到自己身上，例如「我一定要成為拿出壓倒眾人的業績」、「我要變成讓對方跑來求我賣他的業務員」等等。**

這是因為，把原先放在對方身上的心思轉回自己，就能問自己「為了達到目的，我該怎麼做？」或「現在的自己還有哪些不足？」等等。

舉例來說，被對方說「什麼嘛，是保德信喔……」時，內心雖然非常火大，但那也成為讓我開始思考各種事的契機。

對方說「什麼嘛，是保德信喔……」代表他曾和保德信人壽的業務有過接觸。此外，他的語氣中明顯帶有輕蔑的意思。這或許表示過去他接觸過的保德信業務給他留下這樣的印象。為什麼呢？

或許，那位業務為了討這個客戶的歡心，為他安排了聯誼，或曾請他吃飯。也可能經常巴結他，拜託他「請買我的保險」……

真相如何，我們不得而知，但那位業務確實很有可能做出讓人瞧不起他的事。但是，我並不想成為那樣的業務……。就算靠這種方法拿到訂單，我也無法尊敬自己。問題是，保險業務不做到那個地步，可能真的很難拿到訂單。那麼，我該怎麼做才好呢？該怎麼做，才能一方面和客戶建立對等關係，一方面和客戶順利簽約。要怎麼做，才能成為擁有這種能力的業務員？

就像這樣，我不斷深入思考。

這樣的思考，能有效促進業務工作者的成長。

我想做的，是不用做出任何被人瞧不起的拉訂單活動，也能拿出壓倒眾人業績的業務。為了達到這個目標，我想盡各種辦法，建立起一套自己的業務手法。

這本書中將公開我所有的方法，其中大多數都是當別人否定「拉保險的」時，我將「箭頭」指向自己，自問自答後得出的答案。

經過一番自問自答，「憤怒」與「不甘心」就成了我的動力引擎。

我絕對不會忘記那些被否定的事，今後也會一直牢牢「記恨」。正因如此，我才能持續不斷鼓勵自己「要讓他們刮目相看」，也才能不間斷地加強改善我的業務手法。

只不過，我並不怨恨那些否定我的人。因為，**對他們的負面情感全都化作自己成長的燃料了**。現在，我甚至能對那些幫助我成長的人心懷感激。

用積極正面的態度記恨——

希望各位也務必試試看。

3 業務是一種「機率論」

比「訣竅」或「技巧」更重要的東西

「提案書怎麼設計呢？」

「提案資料怎麼製作才好？」

「成交立約的技巧是什麼？」

過去，有許多業務員找我請益「在業務上成功的方法」。可是，幾乎所有人想得到的，都是上面這類關於技巧或訣竅的建議。

我剛「出道」時也是這樣。

一逮到機會就抓著業績好的前輩，想盡辦法問出他們的業務訣竅。接著，老實按照前輩的方式執行，在錯誤中學習成長，鍛鍊出一套屬於自己的「銷售技術」。只是，根據這樣的經驗，我敢斷言，業務要成功，首要條件絕對不是「技巧」。技巧當然很重要，但也只能排第二或第三。

那麼，想要業務成功，最重要的事是什麼？

「答案」很簡單，那就是「母數」。業務要成功，取決於你每天、每星期、每個月能和多少客戶碰面，經營多少業務。**只有將「母數」拓展到最大值，才是業務成功的「絕對條件」**。

實際上，只要問那些苦於「業務成績不好」的人，就會發現大部分都是每天見面客戶「母數」太少的人。

這麼一來，就算掌握再厲害的技巧，增加再多業務的「知識」，也絕對做不出好成績。相反的，**即使業務技巧還不純熟，能致力於拓展「客戶數量」的業務員，就能確實做出好業績。**這就是業務這份工作的「真相」。

「母數」增加了，就能拿出成正比的「成果」

我是在國中時察覺這個「真相」的。

不好意思，要說點粗俗的話題，當時我和班上同學一起去挑戰搭訕女生。因為讀的是男校，日常生活中說得上話的異性除了母親，就剩下保健室老師了。大家都覺得「這樣下去不行吧？」於是跑到大阪熱鬧的街上，想在路邊找女生搭訕。說起來像一群傻瓜似的，但對當時的我們來說，卻是非常認真的一件事。

當時我們大家都有「BB. Call」呼叫器，搭訕的目標，就是盡可能拿到更多女生的呼叫器號碼。沒想到，這可是一場苦戰。

即使鼓起勇氣去跟路過的女生講話，人家也幾乎看都不看我們一眼。好不容易有願意答理我們的女生，但遲遲沒有女生肯把呼叫器號碼告訴我們。最後終於有一個女生願意告訴我們，可是在那之前，已經被十個女生打槍過。

這樣效率太差了。

而且被這麼多人拒絕，就算是年輕氣盛的我們也不免滿心挫折。

這時，我和朋友重新擬定了作戰計畫。我們聚在一起討論：「肯停下來的女生有沒有什麼共通點？」、「怎麼開口她們比較願意停下來？」、「要怎麼搭話，女生才願意給我們號碼？」等等，像這樣交換意見，確立「搭訕戰術」。

沒想到，開完會後再次挑戰搭訕，狀況依然幾乎沒有改變，我們只是不斷被一個又一個女生拒絕而已。於是，只好再聚集起來開一次作戰會議……就這樣反覆好幾次，最後還是沒有發生太大變化。

最後，我們終於察覺到了。

花時間開作戰會議只是在浪費時間。開會也不會讓我們突然變成搭訕達人，事實就是根本沒多要到幾個號碼，不是嗎？與其這樣，雖然不到「亂槍打鳥」的程度，但還不如多跟一個女生搭訕，總會增加一點成功的機率。

這個想法大為正確。一開始找了十個女生搭訕，其中有一個女生給我們號碼；當我們跟二十個女生搭訕，我們就要到了兩個女生的號碼；跟三十個女生搭訕，到手的號碼增加為三個。願意告訴我們號碼的女生，幾乎是跟著「母數」成等比例成長。換句話說，搭訕成功靠的也是「機率論」。

用「顏色」管理行事曆手冊

我把這個經驗化為直覺，在加入保德信人壽之後，第一個放在心上的，就是盡可能增大見面客戶的「母數」。

因此，我幾乎把時間都花在**客戶願意跟保險專員見面的時段——早上九點到晚上九點之間——這段時間我都在外面跑業務，將行事曆手冊裡已取得客戶同意，預定前往拜訪的日期排到好幾星期後，並且不斷重複這樣的安排。**

其中我最重視的，是增加第一次見面客戶的「母數」。

約定第二次或第三次見面的客戶當然也很重要，但是，為了將接觸到的客戶「母數」拓展至最大，增加與新客戶的見面機會是絕對條件。

這時，我開始用「顏色」來管理行事曆手冊。

預定要跟沒見過面的新開發客戶見面那天，我用黃色螢光筆塗上去作記號。見第二次的客戶用綠色螢光筆，第三次的客戶用橙色螢光筆，私人行程則用粉紅色螢光筆作記號，像這樣用「顏色」區分。

這麼一來，打開行事曆的瞬間，一眼就能掌握自己的工作狀況。其中最該注意的是黃色螢光筆的「面積」。這個「面積」如果太少，就表示新客戶的「母數」沒有增加。儘管沒有給自己設定明確的數值目標，我一直努力將「黃色」面積維持在整體的一半以上。

從「難度低」，能確實拿出「成果」的事開始

像這樣在行事曆裡排滿待辦事項後，只要一個勁兒地去消化這些待辦事項，一一去和約定好的客戶見面即可。

白天我幾乎把所有時間都花在外頭跑業務，每天回到公司都已是晚上十點左右。在一

個又一個同事們「辛苦了～」的寒暄中，只能眼睜睜看著大家紛紛下班回家，我卻必須為了「製作業務報告書」、「寄送、回覆電子郵件」等文書處理工作或「製作提案企劃書」熬夜加班到半夜。

我不擅長文書工作，也很討厭做這些事。每天在辦公桌旁處理這些事務到半夜，對我來說只能說是「苦行」。

老實說，我也想早點回公司，在正常上班時間內處理這些文書工作。可是，要是這麼做，我就無法把新開發客戶的「母數」拓展到最大限度了。

因此，我告訴自己「**想見客戶只能在大家白天都醒著的時候，自己的工作只好晚上做了，加油吧**」，每晚在無人的辦公室裡咬緊牙根，腳踏實地完成文書工作，直到深夜。

結果證明，這種做法是正確答案。

當時的我，以業務員來說還「太嫩」。如今回想起來，肯定也浪費了很多時間做沒必要的事，業務技巧一點也不成熟，「業務效率」想必也非常差。

假設前輩業務員一個月與三十位客戶見面，其中可以簽下十位客戶，相較之下，當時的我就算與三十位客戶見面，也頂多只能拿到五位客戶的合約。我跟前輩的實力差距就是這麼大。

然而，即使是這樣的我，只要不斷取得新的客戶見面機會，不斷四處奔走推銷，一個月如果能增加一倍，也就是與六十位客戶見面的話，拿到的合約也會倍增為十份。因為業務工作靠的是「機率論」，即使業務效率差，只要累積壓倒性的「數量」，還是有可能留下與前輩並駕齊驅的「成果」。

事實上，我進入保德信人壽服務後，馬上做出在新人業務中「充分及格」的成績與評價。這並不是因為我天生具有當業務的資質，只是拜四處奔走，拚命增加「數量」的努力所賜。

最重要的，是不要一開始就想倚賴技巧。

因為，業務工作可沒簡單到可以靠急就章學會的技巧收得成效。就像國中生不可能馬上變成把妹達人，業務技巧當然也不可能在短期間內變得高明。

然而，**增加客戶「母數」，卻是人人只要有心都做得到的事。**既然如此，專心先做難度較低，但能確實拿出成果的事才是上策。

請先追求「母數」的拓展。

這就是成為成功業務員該踏出的第一步。

4 只有「實戰經驗」能讓人成長

磨練技巧最快的「方法」是？

做業務，第一優先事項就是「母數」——

我確信，比起學習速成技巧，更好的作法，是專心於最大限度提升探訪客戶的「母數」。

技巧不是一朝一夕就能提高的，但增加「母數」卻是人人只要努力都能辦到的事。業務靠的又是「機率論」，只要增加「母數」，「成果」必定伴隨而來。既然如此，我認為先專心拓展「母數」才是正確解答。

不只如此，事實上，**累積「數量」正可說是學習業務技巧的最好方法**。

國中時和朋友上街搭訕女生的經驗就是如此。那時，我們在路上找女生說話，想跟她們要呼叫器號碼，但幾乎沒有女生願意停下來理我們。

所以，我們聚在一起交換意見，認真討論「願意停下來的女生有什麼共通點？」、「該怎麼開口搭話女生才願意停下來？」、「聊哪些話題女生才更願意告訴我們號碼？」，開會擬定「搭訕戰術」，但是幾乎徒勞無功。因為這種臨陣磨槍的戰術，根本派不上用場。

然而，當我們豁出去，告訴自己「在這裡想這些有的沒的也不是辦法」，改成「就算亂槍打鳥，無論如何先增加開槍次數」的方式，卯起來跟路過女生搭訕，竟然就漸漸掌握到搭訕的要訣了。

隨著經驗的增加，看到對方的第一眼，就能判斷是不是會停下腳步的女生。慢慢也會知道，用哪種方式開口更容易換來對方的反應，結果就是成功率逐漸提高。比起大家聚集起來開作戰會議，累積「搭訕的次數」，在錯誤經驗中修正改進，反而更確實地加快了我們「提高搭訕技巧」的速度。

未經「實戰」累積經驗，練習的「品質」就無法提高

這個道理適用於各種場合。

比方說棒球。我國中、高中時代熱衷打棒球，想鍛鍊打擊技巧，累積練習的「數量」絕對是必要條件。

首先是基礎練習的「數量」。反覆空揮、拋球打擊或自由打擊練習等基礎練習雖然單調無趣，若如果不累積一定數量的練習，選手百分之百不可能進步。無論讀過多少棒球理論書籍，不透過基礎練習讓身體學會，就一點也派不上用場。

不過，如果光只是練習，也不會變強。

最重要的，是在實戰經驗中增加站上打擊區的「次數」。

練習與實戰完全不同。實戰無論如何都會緊張，難以發揮平日練習打擊時的水準。而且對方投手為了讓你揮棒落空，也會拿出真本事投球，「球路」和平常自由打擊練習時的球完全不同。

再者，每個投手都有自己的特色，就算同樣投直球，不同投手投出的「球路」也完全不一樣。從做出投球姿勢到將球投出的時間差，每個投手的習慣千差萬別。所以，打擊者就要配合投手調整打法，才可以順利擊球，當然就不會像練習時那麼順利。

這種「實戰經驗」非常重要。

透過實戰，與各式各樣的投手對戰，有時被三振，有時被刺殺或被接殺，正因為有這些經驗，才會讓人去思考「為什麼打不出安打？」

比方說，如果抓不住投手的投球時機，那就研究什麼時候該舉起球棒，帶著這些實戰中發現的「問題點」投入基礎練習，揮棒的技巧將會迅速提升。

什麼是「真正的學習」開始的瞬間？

業務工作也一樣。

簡而言之，增加實戰經驗的「次數」，就是磨練技巧的路上最重要的事。

我在加入保德信人壽的第一個月研習期間，也曾熟讀業務指導手冊，按照銷售腳本角色扮演、模擬情境，學習製作提案書……總之就是非常認真地「練習」。

懶惰如我，學生時代上課幾乎從來沒做過筆記，剛投入保險業時，卻將學到或察覺到的東西密密麻麻寫進筆記本，可見我當時有多認真。但是老實說，這種「練習」卻沒能派上什麼用場。

當然，我並不認為這些練習是白費工夫。

尤其是在保德信人壽拿到的業務指導手冊，是一份以科學手法分析「業務工作」的，非常優秀的指南。而且，在反覆角色扮演練習模擬情境的過程中，也讓身體自然記住銷售腳本的內容，成為我業務能力的地基。

然而不管怎麼說，那些都只是「理論」，都只是「練習」。研習期間過後，當業務員實際站上業務工作的第一線，**面對的將是各式各樣的客戶，不可能完全按照「理論」，也不可能完全跟「練習」時一樣，我以切身之痛的經驗理解了這一點**。

真正的「學習」，這時才正要開始。

面對各式各樣的客戶，經歷各式各樣的場合及案例（就像經歷各式不同投手的「球路」一樣），我在屢次的失敗中自問「為什麼不順利？」、「該怎麼做才會順利？」像這樣持續反省自己的言行舉止細節，並加以修正。從這個過程中，我也不斷打磨屬於自己的心法訣竅。

簡單說，想學會訣竅和技巧，卯起來增加「經驗次數」就對了。所以我每次白天在公司裡看到努力練習情境模擬的業務員，都會暗自心想：「為什麼要做這麼浪費時間的事？」

模擬情境很重要，這是毋庸置疑的事。我在投入保險業的第一個月也死命地練習過。可是，**完全沒必要用白天時間做這件事。因為能和客戶見面的時間也只有白天，拿這寶貴時間來「練習」，實在是太可惜了**。

舉棒球的例子來說，就像好不容易聽到教練說「你可以上場比賽了」，自己卻回覆「不、不需要」，不下場比賽，只是一味練習揮棒。你當然可以「練習」，但這應該是等「比賽」結束後再做的事。

成長需要「實戰經驗」。

把實戰經驗的「次數」拓展到極限，就是鍛鍊技巧的最佳方法。

5 「繁重的工作量」正是最強的武器

為了獲得「絕對成功」，能做的都要去做

我一成為業務，就做了一個「偏激」的決定。

我決定只有週末回家，平日晚上就在公司鋪睡袋打地鋪。

原因很簡單，當然是為了和最大「母數」的客戶見面。見得到客戶的時間只有早上九點到晚上九點左右，我把這段時間全部用來在外跑業務。文書處理或製作提案書等自己的工作，就等晚上十點回公司之後再繼續做到半夜。然而，這麼下來我很快就撐不住了。

若是工作到半夜再回家，睡眠時間會縮減得更少。當時，年幼的大女兒正是最可愛的年紀，妻子還懷有身孕，其實我也很想衝回家，至少可以看看她們的睡臉。可是，再花上這段時間通勤，我的身體會吃不消。於是我跟妻子商量，決定只在週末回家，平常就在公司地板上鋪睡袋過夜。

在標榜改革勞動方式的時代，我這麼做或許是逆著潮流走了。公司也跟我說：「有幹勁很好，但公司的立場也沒有要求你做到這個地步。希望你能用一般的工作方式做出成果。」身邊的人似乎都認為這是「無謂的幹勁」，一副傻眼的樣子。

但是，我為了在業務工作上獲得絕對的成功，希望自己毫不妥協，把所有做得到的事徹底執行到底。**我絕對不想要因為沒有盡全力而後悔**。妻子一開始也毫不隱藏她的困惑，但在我誠懇表達過想法後，她告訴我：「按照你的想法去做吧，我會支持你的。」正因有她的諒解，我才能付諸實行。

某位經營者的「嚴厲批評」改變了我的人生

我為什麼要做到這種程度呢？

在這個行動的背後，有著我沈痾多年的「精神問題」。

前面已經提過，我之所以從ＴＢＳ離職，立志成為「拉保險的」，是因為發現自己只不過在電視台工作就受到阿諛奉承，終於認清因此得意忘形的自己有多丟人。

讓我認清這點的瞬間，至今我仍無法忘記。

那是還在ＴＢＳ工作的時代，參加朋友主辦派對時的事。那天與我同桌的眾人中，有一位餐飲業大老闆。我向來喜歡幫大家炒熱氣氛，那天也扮演主導話題的角色，盡情享受聚會的樂趣。然而，那位餐飲業老闆雖然也會回應幾句，臉色卻似乎有點難看。

就在派對將近尾聲時，他說了這段話：

「其實我最討厭你們這種菁英人士了。我只有國中學歷，是個全身充滿自卑的男人。但就是因為這樣，我打落牙齒和血吞，拼了命幹，才把公司做到現在這麼大。」

不用說，他這番話立刻令現場氣氛為之凍結。

同桌也有人臉上露出「何必在這種地方說這種話……」的表情。然而，這番話卻正好戳中我內心隱隱作痛的「傷口」。同時，我也情不自禁地想：「身為一個人，我完完全全輸給這位老闆了。」

沒錯，其實我也只不過是拜「學歷」和「公司」之賜，才能走到哪被捧到哪，過得如此志得意滿。我絲毫沒有像這樣老闆一樣盡力而為，也不曾努力到極限。我不得不承認：「這個人的生存之道，比我帥氣好幾百倍。」

不可採取「掩飾自己」的生存之道

我的「傷口」，是在京大美式足球隊時造成的。

但我一直假裝沒看見它，一路走來始終放著不管，因此「傷口」不但從未癒合，反而持續隱隱作痛。不、在電視台工作時周遭的人愈是對我阿諛奉承，「傷口」惡化得就愈來愈嚴重。

原因就在於，我之所以能在ＴＢＳ工作，靠的並非個人實力，只是京都大學美式足球隊的光環罷了。京大美式足球隊是眾人皆知的「名門」球隊，在名將水野彌一教練的指導下，經過一番徹底訓練的隊員，畢業後進入社會各界大顯身手。要不是頂著這塊京大美式足球隊的招牌，我絕對不可能進ＴＢＳ工作。

然而，我對美式足球這項運動始終抱持一份「罪惡感」。

當然，我從來沒有在球隊嚴格的訓練中偷懶，隸屬球隊那些年也總是把「要拿下大學聯賽日本第一」掛在嘴上。可是**實際上，我從來沒有「多加把勁努力」到超越自己極限過。說得更簡單一點，其實我對美式足球從來沒認真過**。

這件事不但被教練看透，我自己也打從心底明白得很。我不是沒能拿下日本第一，而是從來沒認真以日本第一為目標。

可是，為了逃避面對這個事實，我一直掩飾起這個敷衍草率的自己。就這樣，沒有拿下日本第一，在不完全燃燒的狀態下畢業，卻幸運地進了ＴＢＳ工作。

我在電視台負責體育節目。

既然是京大美式足球隊出來的，一定能做出最貼近運動員真實狀態的「好節目」，長官們大概這麼判斷了吧。我自己也希望做體育節目，一方面非常高興，另一方面也幹勁十足地投入這份工作。

但也就是從這時起，我不得不正眼面對那個「被掩飾的自己」。

因為工作上接觸到的每一位運動員，毫無例外地，每天每天都誠實面對自己，挑戰超越自我極限，持續「再努力一點」的訓練。更進一步說，他們付出的正是打落牙齒和血吞的努力。當著這些「真正的運動員」，我不得不承認「自己只是個冒牌貨」。而我卻連這點都還企圖掩飾，日子得過且過。

毫不妥協，「認真」做到底

戳中我這個傷口的，就是那位餐飲業老闆的話。

繼續這樣待在電視台，或許能在舒適的環境裡，被周圍的人捧著，過得還不錯，但我已經不想再為這種事繼續掩飾真正的自己，不想就這樣得過且過地走完寶貴的一生。因為這種生存之道實在是「太難看」了。

所以，從來沒有認真對待過美式足球的我，必須否定只因畢業於京大美式足球隊就被電視台錄取的「原點」，再次從零開始「認真」投入什麼才行。

就像那位餐飲業老闆說的「打落牙齒和血吞」，我也想絲毫不對自己妥協地「認真」完成什麼事。我認為，這樣我才能**毫無陰霾、抬頭挺胸地迎向接下來的人生**。

就在我開始產生這個念頭時，一位畢業後進入保德信人壽工作的京大美式足球隊同屆隊友問我「要不要一起工作？」，我立刻做出決斷，決定轉換跑道，目標是「在公司『招牌』完全不管用的壽險業務界全力以赴，闖出一番壓倒性的成就」、「在日本第一的保德信人壽成為日本第一的保險業務員」。

因此，繁重的工作正中我的下懷。

為了達到目標「數量」，必要的話，就算在公司過夜也要全力以赴，只要是自己做得到的事，全部都要去做。這正是解決我多年來「精神問題」的唯一方法。或許身邊有很多人認為「也不用做到那個地步吧」，但其實我是為了解決個人問題，得償所願地投身繁忙工作中。

愈是感到痛苦，愈能成為「努力之材」

還有，現在回頭想想，我在剛成為業務員的階段就要求自己完成「物理上絕對無法做更多」的繁重工作，也是一個非常正確的決定。

這是因為，在最初的階段盡全力完成最多的工作量，以及為此投入的「工作熱情」，都會成為自己從此之後的基準。我見過許多業務員，但**從來沒看過一開始只用八十分熱情工作的人，後來能成長到一百甚至一百二十分的水準。因為，這個「初始設定」就決定了每個人日後的工作方式。**

這也是京大美式足球隊水野教練經常提醒我們的事。

「男人的格局在三十歲前就會確立。這裡的格局指的是『努力的格局』。你們一定要拚了命吃苦，這樣才能奠定自己的格局。只想輕鬆度日的人，未來格局也不會太大。」

學生時代，這段話並未打動我的心。現在才終於深深認同，「就是這樣沒錯」。

上了年紀後，能承受的辛苦程度絕對無法勝過年輕時承受的辛苦程度。幹業務也一樣。盡可能在愈早期階段，要求自己完成最大限度的工作量，才能提高自己最大限度的「承受力」。

稍微超過自己極限的「繁重工作量」帶來自信

同時，繁重的工作能使人更強大。

我與保德信人壽眾多優秀業務員競爭業績時，好幾次屈居下風。這種時候，之所以能夠「發揮腎上腺素力量」反敗為勝，正因發自內心認為：「我比任何人都更拼命工作，這樣的我怎麼可能輸？」

當然，勉強自己扛起繁重工作，也可能使人瞬間受挫。可是，**出於自我意願主動去做的繁重工作，能在痛苦的時候成為守護自己堅定毅力的「城牆」**。

我的例子確實比較特殊。

我做的是不惜在公司過夜也要完成的繁重工作量，即使不做到這麼極端，或許還是能拿出一定程度的「成果」。不過，在「剛起步」的時候，比起聰明有效率的工作方式，最好要求自己完成稍微超越自我極限的「繁重工作量」。

嚴格說來，在經驗還不多的時候，根本分辨不出「怎麼做才是有效率，怎麼做是沒效率」。**先經歷過各種效率不佳的方式，反覆失敗過後，自然而然就知道什麼才是「有效率的業務技巧」**。沒做過白工的人，不可能知道真正的效率是什麼。

現在是標榜「勞動方式改革」的時代。

所以，或許會有人嘲笑我主張的「繁重工作」思想過時。

不過，想笑的人就笑吧。我在那之後，奠定了「不主動拉保險」，也會有客戶來聯絡我，想跟我買保險的「超有效率業務方式」。這都得拜當初自己全力以赴完成那些繁重工作之賜。現在的我確信，要是一開始就打算追求「有效率的工作方式」，也只學得會半桶水的業務技巧，成為業績不上不下的業務員。

6 危險的「正面思考」

業務的工作就是「被拒絕」

說業務的工作就是「被拒絕」也不為過。

在打行銷電話的階段就被一一拒絕是家常便飯。「您好，我是保德信人壽的金……」有時像這樣連話都還沒說完就被掛電話，或者被對方以明顯不悅的語氣拒絕……這些當然都很痛苦，但最痛苦的，莫過於好不容易爭取到的客戶，也見了好幾次面，重新製作過好幾份提案書給對方，眼看保單就要順利簽約，最後還是被拒絕了。這種時候最難受。

我也為此感到痛苦過。

不用說，從轉行當業務開始，我就已經做好會被許多人拒絕的心理準備。正因如此，我才會為了增加客戶的「母數」，不惜幾乎天天在公司過夜，要求自己完成如此繁重的工作量。然而，實際上被客戶接二連三拒絕時，精神上遭受的打擊，已遠遠超過我當初的想像。

尤其是在「還差一步就要順利簽約」卻遭到拒絕的事接連出現時，真覺得自己像被全世界拋棄在外，眼前一片漆黑。

到現在我還記得很清楚，**被客戶連番拒絕的我大受打擊，坐在月台椅子上發呆或站在鬧區正中央發呆，從茫然自失中赫然驚醒。有過好多次這種經驗。**

到了這番田地，當然會害怕繼續跑業務。

當時我是以電話方式開發客戶，於是對打電話這件事的恐懼感變得非同小可。打電話，對方十有八九可能把我「當成空氣」或「直接拒絕」，就算克服了電話行銷這一關，最後能順利簽約的案例依然少之又少。一想到打了這通電話後「接下來會發生的事」，我就忍不住猶豫起來。

危險的「正面思考」

在我們保險業界，稱這種情形為「心理阻隔」。意思是指在「害怕被拒絕」的恐懼下阻隔起自己的心理，變得無法採取行動。這是我在進入保險業界前未曾聽聞的詞彙，沒想到形容得完全符合當時的心理狀況，還曾讚嘆這名稱取得真是巧妙。

不過，這個詞彙的用法卻讓我覺得有點不適應。

為什麼這麼說呢？「今天我心理阻隔了，沒辦法繼續打更多行銷電話」。這是大多數業務員的用法。

我不是不能理解這種心情。我當然也討厭被拒絕。就這層意義來說，我也有心理阻隔的時候。只是，如果拿「心理阻隔」當「不工作的藉口」，現狀不會有任何改善。

不如說，**正因為這樣放縱自己，最後只會招來自掘墳墓的後果**。因為，不管心理阻不阻隔，如果不去向客戶推銷，就絕對不會有業績……

因此，我「嚴格禁止」自己使用心理阻隔這個詞彙。別人提起心理阻隔時，我還是會適度回應，但也刻意不深入這個話題。畢竟我也會有想逃避的心情，為了被那種情緒感染，得先幫自己拉起預防封鎖線。

只是，還有比心理阻隔這種藉口更危險的事。

那就是宣稱自己「我才沒有心理阻隔問題」的思考。或許有人會說這是正面思考，但我認為這是非常危險的想法。

為什麼說危險，因為其中有「視而不見」的成份。

大家都討厭被拒絕，也討厭受傷不是嗎？要是一再遭到拒絕，任誰都會對跑業務產生恐懼，變得連行銷電話都不敢打。這是理所當然的反應。我也曾經非常害怕過。

想否定這種恐懼是絕對不可能的事。事實上，**我就目睹過原本宣稱「我才沒有心理阻**

隔！正面思考很重要！」的業務員，因為太勉強自己，某天忽然灰心喪志的模樣。

我不是心理學家，無法分析「為何正面思考會讓人灰心喪志」，但我大概明白那是怎麼回事。

正面思考這詞彙「乍聽之下勵志」，簡單來說，卻是刻意對自己受傷、失意、脆弱等「弱點」視而不見，試圖對自己「真正的心情」打馬虎眼。不去安慰自己受傷的心，只是一味故作堅強，任誰的心都會損壞。

從鈴木一朗選手的「話語」中學到什麼業務員鐵則？

所以，我總是提醒自己要「接受自己的弱點」。

我認為沒必要逞強。要是一再遭拒絕，變得不敢打行銷電話了，就承認自己「真的好害怕……已經不想再打電話了」。但同時也會告訴自己：「一直被這麼拒絕，誰都會對行銷感到恐懼，我也是。這是無可奈何的事」。

接著要做的才最重要。

接下來，我會這樣問自己：

「很害怕吧？想逃走吧？可是，別忘了自己的目標是什麼。是想成為一個成功的業務員對吧？不希望以後後悔吧？只要能做的事都想盡力去做吧？已經受夠了丟臉的自己了吧？既然如此，那該怎麼做才好呢？」

換句話說，就是逼自己做出「要做」還是「不做」的選擇。

答案只有一個。只能去做了。打行銷電話固然可怕，也只能去打。再說，這才是「對自己好的事」。這麼一想，我就能下定決心告訴自己「必須去做，只能這麼做了」。

不過，事情當然沒有用說的這麼簡單。

再怎麼問自己「只能去做了吧？」還是會躊躇不前地想「話是這樣說沒錯，可是……」不如說，這種情況說不定還更多。畢竟我們都是軟弱的人類……這也是沒辦法的事。

這種時候，我總會想起鈴木一朗選手說的：「我從來沒把四成打擊率當成目標。」

留下如此出色打擊率的一朗選手，為什麼說他沒有把「打擊率」視為目標呢？這是因為，萬一最終打席時的打擊率正好是四成的話，一定會不想站上打擊區吧。如果這一擊失誤，打擊率將就此低於四成，誰都不想冒這種風險。

所以一朗選手說：「比起打擊率，我只想著如何多打一支安打。」

確實，如果不站上打擊區，「安打數」就不可能增加。這麼說來，「打席數」自然是愈多愈好。一朗選手還有一句名言是「下一個目標，就是下一支安打」。換句話說，**他的豐功偉業是靠持續站上打擊區，重視每一個打席，一棒一棒打出來的成就**。

唯有承認「自己的弱點」，人才會變強

一朗選手的思維，帶給我很大的影響。

應該這麼說，當我知道連那麼厲害的一朗選手也會害怕站在打擊區時，感覺就像獲得了救贖。**即使是留下壓倒性成績的天才打者，都會對「站上打擊區」有所恐懼，平凡**

的業務員如我，會不敢「站上打擊區（向客戶推銷）」，也是理所當然的事了嘛。

更何況，業務員不會被要求「打擊率」。

如果以打擊率來說，向十位客戶推銷而拿到三張訂單的「打擊率」，確實比向三十位客戶推銷只拿到五張訂單的人還要高上許多。但是，拿到五張訂單的業務員獲得的評價比較高。

既然如此，就別在意「打擊率」，不顧一切增加「打席數」才是更好的做法。只要像一朗選手那樣秉持「盡可能多打一支安打」的積極想法，持續「站上打擊區」就好了。一路走來，陷入脆弱心情時，我就會這樣激勵自己。

在保德信人壽，我持續推銷的客戶大概比任何業務員都多，被拒絕的次數也是。

正因如此，我才能有今天的成果。不過，之所以能做到這一點，不是因為我用「正面思考」掩蓋自己真正的情緒，而是先承認自己的弱點，逼自己做出「做還不是不做」的選擇。**唯有承認自己的弱點，人才會變強**。一朗選手說的話，一直激勵著抱持這種想法的我。

7 別誤會「用自己腦袋思考」的意思

要是誤會「用自己腦袋思考」的意思，將會犯下「大錯」

「當個用自己腦袋思考的人」。

閱讀任何一本商管書籍，一定都能看到這句話。

我也認為這句話沒錯。我敢斷言，只做別人交待的事的「等待指示人」與只會按照SOP做事的「SOP人」，百分之百無法成為擁有出色業績的業務員。

不過，有一點要特別注意。

雖然是我個人的理解，不過，**「用自己的腦袋思考」指的絕對不是「任何事情都從**

『零』開始用自己的腦袋思考」。一旦搞錯這點，很可能犯下非常嚴重的失誤。

尤其是「初學者」更要特別注意。初學者中，有些人連周遭的建議都不認真聽，也沒按照SOP好好學習過，就宣稱「要用我自己的方式做」，像這種用「自創」方式工作的人，通常不可能順利。

說來也是天經地義的事。

不管什麼事，都會有前人建立累積起的「形式」（也可說是規範方針）。不把「形式」放在眼裡，用「自創方式」工作的人，就會非常沒有效率，除非是不世出的天才，想跳脫「形式」做事，又要拿出好的工作表現，幾乎不可能。

舉例來說，棒球的揮棒打擊姿勢，就包括了「使球盡可能靠近胸口」、「以最短距離打到球」、「利用腰部扭轉的力道而不是手臂力道」等「形式」。這些都是棒球發祥以來，經歷漫長時間，累積眾多前人錯誤經驗並加以修正後確立的形式。

有了這些形式，選手還要接受教練指導，徹底執行揮棒等基礎訓練，讓身體記住這些「形式」。如此才會進步。可想而知，不跟從教練學習「形式」，只用「自創方式」

練習的選手，無論經過多久也不會進步。

換句話說，**一開始按照前輩吩咐，按照規範方針練習，才是最快速的進步方式。**

就當自己是「笨蛋」，按照形式做做看

換成業務工作也完全一樣。

在業務的世界裡，也有前人建立起「成功率最高的方法（形式）」。「初出茅廬」的時候，不如就把自己「當作笨蛋」，按照既有形式去做才是最重要的事。

我也在剛加入保德信人壽的第一個月，徹底按照公司推薦的行銷腳本練習。到現在我還記得裡面的每個字、每句話，甚至可以一邊做別的事一邊背誦出來。

話雖如此，在講腳本的時候也不能一邊用腦袋想，而是烙印進身體，像自動播放一樣脫口而出。要練習到這個地步才派得上用場。

棒球的打擊也是這樣吧？扭腰擺動身體時，要是一一思考接下來要做的動作，這樣絕對打不到球。要練習到球飛過來時，身體自動反應做出動作，這樣才能把球打出去。

業務員也是，和客戶說話時才一句一句想接下來要說什麼，就會來不及從客戶的舉手投足中察覺對方的真正想法，做出適當的應對。

執行業務第一線工作時，最重要的是確實掌握客戶「最重視的是什麼？」、「對什麼感到不安？」當場臨機應變，做出符合狀況的應對。換句話說，注意力必須專注集中在客戶身上。

所以，一定要事先把業務腳本的基礎內容，練到能行雲流水般自然脫口而出，即便不用腦力思考也行的程度。

先學會「形式」，再修正「形式」

能夠做到這樣之後，才需要「用自己的腦袋思考」。

應該說，能夠做到這樣之後，如果還不「用自己的腦袋思考」，只會依循既定形式做事的話，身為業務員的能力就無法成長。

因為每個客人都不一樣，就算按照同樣的「形式」跟對方說話，得到的反應也因人而異。**必須配合每位客戶的特性、配合不同客戶身處的不同狀況，加入自己的想法來修正原有的「形式」。這個部份才是需要「用自己腦袋思考」的地方**。

累積與各式各樣客戶接洽的「實戰經驗」後，有用自己腦袋思考的人，自然也會重新審視原有的「形式」。

舉個基本的例子，我剛開始當業務時，打行銷電話是那個年代的主流，我也按照這個形式打電話行銷。但是過了一陣子，幾乎都改成寫電子郵件了。

這是因為客戶為了接這通電話，很可能得停下手邊的工作，還得花費接聽電話的時間。由此可知，打行銷電話是會給客戶添麻煩的事。比起電話，等客戶有時間再處理就好的電子郵件，自然更符合現實需求。

當然不只如此。

除了從行銷電話切換到電子郵件，我還學著配合現狀、配合客戶調整各種做法，改變為最適合自己的方式。

不過，之所以能辦到這一點，還是因為我在最初期階段把自己當成笨蛋，徹底學習了業界早已確立的「形式」。我是從這套形式的基礎發展出「客製化」的對應，才確立了「自創」的做法。

徹底模仿「已拿出成果的業務員」

還有，模仿「已經做出成果的人」也是很重要的方法。

比方說服裝。我在剛成為業務員時，包括保德信人壽大前輩川田修先生的《一流超業的暖心成交，養客慢賺才會大賺》（中文版由世茂出版）在內，我讀了好幾本「已經做出成果」的前輩著作。

我像穿制服一樣，按照這些書裡推薦的方式調整穿著。

深藍西裝搭配白襯衫。黑色皮帶搭配黑皮鞋。手錶也是黑色皮革錶帶搭配白錶面。髮型是鬢角推高的旁分頭……這些未必符合我個人喜好，但那不是問題。只要是能幫助業務員做出成果的穿著打扮，我就願意模仿到底。

事實上，這樣的外表有增加清潔感與信任感的效果，我確實感受到這是最適合業務員的裝扮。**徹底模仿已經做出成果的人，果然是通往成功的捷徑**。

不過，等到自己靠模仿他人做出成果後，我就開始發揮自己的創意調整了。

舉例來說，我把領帶全都換成粉紅色。還不是普通的粉紅，是接近螢光粉紅的顏色。不只領帶，我連鉛筆盒和名片盒等隨身小東西也使用粉紅色。除了這是我喜歡的顏色外，粉紅色的東西還能為我和客戶製造「話題」。

因為粉紅色的領帶招搖醒目，見面時客戶可能會問：「你喜歡粉紅色啊？」光是領帶還無法引起對方反應的話，一看到我從手提包裡拿出粉紅色的鉛筆盒時，客戶也難免會竊笑吧。這種事能拉近我和客戶之間的距離。

當然，穿便服時我也一定會加入粉紅色的要素。我的高爾夫球裝和球袋都是粉紅色，和相熟的客戶一起去打高爾夫球時，光是「粉紅話題」就夠我們聊得興高采烈。

業務技巧也要注意「守破離」的階段

而且，當大家「一說到金沢就想到粉紅色」時，也等於確立了我的個人特色。寄保險相關資料給客戶時，我會在裡面附上粉紅色的便條紙。這麼一來，客戶一定會想：「那傢伙還真是有夠喜歡粉紅色」，連收資料都能增添一點樂趣，而不只是無滋無味的文件往返。

這些小地方都是我用自己的腦袋花心思想出來的。

就像這樣，**所有與業務工作相關的事，我都會發揮自己的創意加點變化**。不過，我並非一開始就使出這些「自創花招」。無論如何發揮創意，都要先從徹底練習基本「形式」及徹底模仿「已經做出成果的人」開始。

說起來，這就是「守破離」的法則。

「守破離」是劍道及茶道常用的詞彙，用來表示不同階段的修練。「守」是忠實遵守所屬流派「形式」的階段。「破」是學習其他流派「形式」，向上發展技術的階段。「離」則是確立自己獨門「形式」的階段。

我認為這種思考一針見血地指出了業務的本質。

業務工作的起步，就是必須徹底做好「守」。

第2章 累積看不見的「資產」

8 被拒絕的原因是「一味推銷」

當上業務後，隨即會撞上什麼樣的「牆」？

將接觸的客戶「母數」拓展到最大——

我在加入保德信人壽之後，秉持上述原則全力奮鬥。當時，我為自己設定的KPI是「每週拿到三份保單」。無論是否被當作「拉保險的」鄙視，無論人們如何殘忍拒絕，無論遇到多少艱辛痛苦，我都以達成這個KPI為目標，平日在公司鋪睡袋過夜，咬緊牙根持續努力。

我的努力立刻看到了成果。

進公司兩～三個月後，以菜鳥業務來說，我的成績獲得「充分合格」的評價。當時的直屬主管是挖角我進保德信人壽的京大美式足球隊同學，要是做不出一番好成績會害他沒面子……懷著這個想法，我拚了命地努力達成業績門檻，獲得肯定之後，總算能夠鬆一口氣。

只是，那時已經感覺得到不穩定的跡象了。

一般來說，保險業務員都會從親戚朋友開始推銷，我也不例外。然而，**雖然也有「看在情份上」跟我買保險的親朋好友，同時卻有更多人對「試圖推銷保險」的我反感，因此深深傷害了我與好幾個親朋好友之間的人際關係**。

曾有TBS的同屆同事質問我：「你為什麼要跟同屆同事拉保險？」，也有人寫了一封可怕的長信來指責我的業務行為。

每次遇到這種事，我的心就會受傷，愈來愈覺得自己被孤立。

然而，我卻逃避去面對這個現實。

或者應該說，我不能去面對。因為我是保德信人壽「拉保險的」，不賣保險我就沒有收入。無論如何我都必須把保險賣出去，不然無法養家活口。

所以，即使朋友對我說再嚴厲的話，我也只能對自己說：「別介意，別想太多。我只是在賣保險，又不是做什麼壞事。不管誰說什麼，都只能繼續努力了。」

走投無路的業務員會做出什麼「最糟糕的事」？

可是，進公司半年左右，我終於看見自己的「極限」。

起初，拜親朋好友賣人情跟我買保險之賜，我的「成績」竄升得很快。但是，這些跟我買保險的親朋好友中，幾乎沒有人再介紹別人來跟我買。結果，很快就沒有能夠開發為新客戶的「有望名單」了。

新客戶的枯竭，對業務員來說就意味著「死」。

「這樣下去會完蛋……」工作時還能模糊焦點不去想這個，問題是每天工作結束後，一個人躺在無人辦公室裡的睡袋中，打算睡覺時，這種提心吊膽的不安就會來襲，深深折磨著我。**人際關係受傷、感覺愈來愈孤立，在這種「谷底狀況」下，我只能不斷地焦慮**。

在這種情形下，發生了一件對我而言決定性的事。

那一週，我只拿到兩張保單，眼看星期天就要到了。「必須想辦法達成業績目標才行……」我著急地這麼想，聯絡了TBS時代的後輩，請他跟我買保險。

即使那時已是星期天的傍晚，他還是願意跟我約在咖啡店見面。

但是那時的我，卻做出了「最差勁」的事。

我拿彼此前輩後輩的關係當後盾，強迫他買我的保險。雖然還不至於把「不買不讓你回家」說出口，但也幾乎是用全身的力氣這麼向他施壓了。現在回想起來，對他真的很抱歉，也覺得自己太不中用，內心十分痛苦。

然而，那時的我一心「只想到自己」。拿到他心不甘情不願簽下的保單，我只是安心地想：「這下總算達成目標業績了！」

做出這種事的我很快得到報應。

隔天，主管叫我過去，說我那位後輩要求在鑑賞期內解約。我一陣錯愕，主管沒有多說什麼，只用平靜的語氣告訴我：「身為一個壽險業務員，那是絕對不能做的事。」

我當然大受打擊。

但是，後面還有更大的打擊等著我。就在我打電話給那位後輩想道歉時，才發現自己已被設為「拒接來電」的對象，不管打幾次，他再也沒有接過我的電話。

一心「只想到自己」的我，作為一個人被他拒絕了。正因心知肚明自己做出活該被拒絕的事，我咬牙忍受。感覺就像被狠狠毆打了一頓。

眼前的問題，反映出自己內心的問題

就在那時，我碰巧看見野口嘉則先生的書《鏡的法則》（中文版由時報出版）。

我坐在車站月台上發呆滑手機，滑過Facebook上朋友寫的《鏡的法則》讀後感，直覺感到「我需要這本書」。於是，我立刻買了電子書，坐在月台長椅上忘我地讀了起來。

這本書的主角，是一個有小學兒子的母親。

她擔心兒子在學校被朋友霸凌，為了解決這問題，遇見了一位心理諮商師。

沒想到，和諮商師進行幾次諮商後，主角赫然發現有問題的是自己。從高中時代開始疏遠的父親，以及打從內心輕視與丈夫之間的關係，她終於發現這兩件事才是造成種種問題的根源。

向父親及丈夫表達歉意與謝意後，這位母親置身的狀況逐漸有了改變。書中將她的心路歷程描繪得非常感人，讀著讀著，我情不自禁流下眼淚。

同時，我也發現這正是我自己的問題。

在這本書中，所謂「鏡的法則」指的就是「**我們每個人心中都有一面鏡子，這面鏡子映照出的，就是我們的現實人生**」，是這樣的一種法則。

換句話說，我眼前嚴苛的現實——遭後輩拒絕，與許多親朋好友關係破裂、身為保險業務的工作遇到瓶頸——都是我心理狀況的映照。

正因為「一味推銷」，業務員才會走投無路

我弄錯了什麼呢？

不用問，「答案」也呼之欲出了。

後輩之所以要求解約，是因為被我強迫才買下那張保單。ＴＢＳ的同屆同事對我提出「為什麼要跟同屆同事拉保險」的責問，還有那封可怕的指責長信，全都來自一樣的原因。當然是因為我絲毫沒有考慮到對方的利益，兀自把自己「想賣掉保險」的願望強加在人家身上。**「一味推銷」正是我被拒絕的原因**。

那些「看在情份上」跟我買保險的人不再介紹其他人給我的原因也很明顯。因為，要是把我這種只顧自己業績的保險業務員介紹給別人，反而很可能破壞自己的人際關係，誰都不想冒這種風險。我的行為，等於是自己掐住自己的脖子。

可是，要接受這個「答案」也需要勇氣。

因為我是一個「拉保險的」，沒有業績就無法養家活口。

要是「不推銷」，保險怎麼賣得掉？

就算多少有點強迫，還是只能推銷了吧？

正因如此，在這之前，儘管親戚朋友指責我，或是推銷手法遭批判，我都只能告訴自己「不要在意，別放在心上，加油，只能繼續做下去」。對這樣的我來說，要去否定過去的自己，不是那麼容易的事。

9 要想「問題在我身上」

美式足球名將
為何堅持嚴厲的指導？

後輩提出的解約要求——

這樁在我進入保德信人壽半年後發生的事件，將我的精神狀態逼到極限。

原因很清楚。我為了達成自己設下的每週三張保單KPI，強迫後輩買下我的保單。

不但如此，這還不只是發生在我和後輩之間的問題。

除了TBS的同屆同事質問我「你為什麼要跟同屆同事拉保險」之外，還有好幾個朋友批評了我的推銷手段。也正因為這樣，幾乎沒有人為我介紹新的客戶，我的業務工作陷入瓶頸。

然而，我心理上卻抗拒接受眼前這個事實。

因為那等於否定了自己拚命想「賣掉保險」的努力，更何況，要是「不推銷」，我根本不知道該怎麼做才會有業績。

所以，在那之前，即使別人批評我的推銷手段，我也只能告訴自己「不要在意，別放在心上，加油，只能繼續賣了」。**然而，若是繼續跟過去一樣的推銷手段，顯然我身為業務員的生命就要「告終」**……我茫然自失，不知道自己到底該怎麼做才好。

這時，我想起京大美式足球隊的教練，水野彌一教練。

我開始思考，如果是教練，這時會對我說什麼？

水野教練是對「日本第一」這個目標非常嚴厲要求的人，他幾乎沒有稱讚過自己帶的球員。老實說，隸屬球隊時我曾偷偷懷疑「這樣不會太嚴格嗎……」現在回想起來，他會這麼做也是理所當然的事。

因為，京大美式足球隊的球員都是經過一番勤學用功才考上這間大學的人，和聚集菁英球員的對手校隊比起來，對方的球技顯然強太多。即使如此，若還想以「日本第一」為目標，我們當然只能接受徹底嚴格的指導。所以，教練才會對球員沒有一絲通融。

以我為例，接受教練指導的那四年，他給我的最大讚美之詞只有一句「不錯嘛」。不只如此，或許因為我屬於比較招搖的類型，在球隊成了「負責被罵」的角色，教練動不動就臭罵我一頓。

還有，**無論比賽或練習，一旦「失誤」，教練就會說「為什麼失誤？」、「為什麼打出這種球？」，像這樣逼問到底**。他的指導真可說是百分之百的嚴格。

成為心靈創傷的懊悔「失誤」

我到現在還常夢見當時打的一場球。

那是我四年級時參加的比賽。在那場比賽中的某個重要局面，我產生了一瞬間的猶豫，選擇和教練事前指示不同的打法。

在當時的情況下，其實我應該要傳球才行，但是，原本就不擅長傳球的我，因為害怕失敗，不但沒有反射性傳球，還改用了自己擅長的跑陣打法。教練沒有看漏這一點，立刻把我叫下場坐冷板凳。

當然，教練沒對我說「別放在心上」之類的話。當下他就像完全沒看到我這人似的，臭著一張臉繼續緊盯場上的比賽。賽事結束後，他才對我提出一連串的質問：

「為什麼不傳球？」、「是不是怕失誤，想逃避？」、「不顧隊伍勝利與否，以自己擅長的打法為優先，我們球隊不需要你這種傢伙」……就像這樣，教練毫不容情地逼問我。

是的，教練說的完全沒錯，我絲毫沒有反駁餘地。簡直就像為了取巧在打邊後衛，心理遍體鱗傷。

當時也曾叛逆地想「不用說得這麼難聽吧」。

教練說得很對，但是有必要把球員逼到這個地步嗎。我這麼埋怨。

可是，**我當時的叛逆，其實只是在心裡「放縱」自己罷了**。要是我真的以「日本第一」為目標，不用教練說，我自己就該當頭面對自己的失誤。真要說起來，如果有「成為日本第一」的想法，為了克服自己不擅長的技巧，我早就該要求自己更嚴格練習了。

不可用「別在意」之類的話掩飾自己的失敗

對我來說，那場球賽就像一種「心靈創傷」。

過了三十歲還會出現在夢裡的「心靈創傷」。

如果水野教練是個和藹的教練，對失誤的我說出「別在意，下次再加油就好」，或許我心裡就不會留下這樣的心靈創傷。但是，正因教練徹底質問了我，後來這個「問題」才會持續刻畫在我心中這麼多年。

不過，**正是這個「心靈創傷」改變了我的人生**。

為什麼這麼說呢？我在美式足球時代的「心靈創傷」沒有痊癒的情況下，渾渾噩噩、得過且過地生活了好多年，正因為萌生「再也不想這樣過下去」的心情，我才立志成為保險業務。過去我逃避了「追求美式足球日本第一」的目標，為了克服當時留下的悔恨與愧疚，我才下定決心「進入日本第一的保險公司保德信人壽」找回「以成為日本第一為目標」的自己。就這層意義來說，我等於再次面對水野教練的「嚴格」，為了完成這些嚴格要求，我才成為了一個業務員。

那麼，對犯下「讓客戶要求解約」失誤的我，水野教練會怎麼說？

答案我也很清楚。他肯定會用盡嚴厲的話語，要求我徹底正視自己失敗的主因。我的推銷手段早已被批評過好多次，我卻每次都用「別在意，別放在心上，繼續加油賣保險就好」來給自己找台階下，水野教練肯定不會原諒這樣的我。

美式足球時代，我曾認為他的要求太嚴苛，殊不知那裡面暗藏了教練的「父母心」。教練對「失誤」的球員絕對不會說出「別在意」之類的話語。這是因為，這種「安慰之詞」對球員一點好處都沒有。

比起泛泛的安慰，**要求球員正視自己的「失誤」，徹底揪出「失誤」的真正原因並全力克服，這不光能提高球員的「球技」，對一個人的「成長」也大有幫助**。正因如此，教練才會那麼嚴格地訓練我們。

「原因出在我身上」的想法，是成長的出發點

思考到此，我終於棄械投降。

我放棄堅持「『拉保險的』賣保險有什麼不對」的想法，以坦然的態度承認「是我搞錯了」。

我發現，《鏡的法則》的說法，和水野教練的教誨其實是同樣的。雖然《鏡的法則》說得比較委婉，水野教練比較嚴格，想傳遞的道理卻完全相同。

《鏡的法則》提示的法則是「我們人生中遭遇的現實，其實就是一面反映出我們內心的鏡子」。

換句話說，當時我被迫面對的嚴峻現實——遭後輩拒絕、和許多親朋好友關係破裂、身為業務員的工作陷入瓶頸——反映的正是當時我的心理狀態。一言以蔽之，「原因出在我身上」。

另一方面，水野教練總在我失誤時逼問：「為什麼會犯下這種失誤？」

他這麼做不是為了責怪我，而是為了逼我自己面對「失敗的原因」，這樣我才不會重

蹈覆轍。

把失敗歸咎於環境或歸咎他人，自己就無法成長。**唯有坦承「原因出在我身上」，才能踏出成長的第一步**。教練想教會我們的正是這個觀念。

原因出在我身上——

老實說，這個想法會讓人很難受。

人類是一種「不願承認自己有錯」的生物，「改變自己」對人類而言也很痛苦。我當然不例外。

不過，那時的我已經被好幾個熟人拒絕，深受「孤立感」折磨，開始察覺自己身為業務，卻沒有人願意為我介紹新客戶的「極限」。因此，我只能痛下決心「承認原因出在自己身上」，以及認清**「改變自己之外，別無其他活路」**。

現在我打從心底認為，能這麼做真是太值得慶幸了。

對那些因為我一心只想推銷而感到不愉快的人們，至今我仍充滿歉意，但我也由衷感謝他們毫不掩飾地讓我知道當時的感受。

因為，如果不是這樣，我就無法察覺重要的事，之後也就無法理解業務這份工作的

「本質」。當然，中間我失敗了好多次，也曾被逼到走投無路，幸好每次都能告訴自己「原因出在自己身上」，我才終於得以成長。

10 改變「話語」，「心」也會改變

做「己所不欲」的事，業務不可能順利

原因出在我身上——

除了遭後輩拒絕，還受到許多朋友批判的我，終於不得不承認原因出在自己身上。

同時，我也釐清了那個「原因」是什麼。都是因為我從來不考慮對方利益，只是一味將自己「想賣出保單」的希望強加在別人身上，才會讓自己陷入這種境地。簡單來說，被拒絕的原因就出在我的「一味推銷」。

這是理所當然的事。

我自己要是遇到打算推銷什麼東西給我的業務員，也一定不會給對方好臉色看。金融商品的行銷電話打來時，我都假裝沒聽到，要是運氣不好，不小心接起電話，也只會用一句「不需要」打發對方。進某間店買東西時，連店員上前招呼都覺得「應付店員好麻煩啊……」，當我自己站在「客戶」的立場時，都是這樣對待銷售人員的。

然而，輪到自己成為銷售的一方時，我卻一點也不懂客戶的心情。

我被「不提高業績就活不下去」的念頭綁架，完全忘記過去自己面對銷售人員時的心情和態度，成為一個一心只想把產品「賣出去、賣出去」的厚臉皮業務。**我做的都是「己所不欲」的事**。

因為這樣，我破壞了重要的人際關係，讓自己陷入痛苦。沒有比這更愚蠢的事，而我非承認這點不可。

業務員都必須保持「猜疑心」

這也是我的業務工作遇到瓶頸的原因。

回頭想想，我走過的地方都成了「一片焦土」。

當時，我主要的推銷對象多半是原本就認識的人，也有人「看在情份上」跟我買保險。因為有這些人，我才得以在剛進公司不久時做出一番還不錯的成績。

然而，看到滿腦子只有「賣產品」，只知一味推銷的我，就算是「看在情份上」跟我買保險的親朋好友，也沒人願意介紹新客戶給我。這說來也理所當然，換成是我自己，當然不想把重要的朋友介紹對自己做出討厭事情的業務員。結果，我愈是推銷，新客戶數量愈少。換句話說，我走過的地方都成了一片焦土，寸草不生。

說得更簡單一點，我對待別人時，做的都是自己不希望被對待的事，這就是我失敗的本質。

或許有人會嗤之以鼻地說「這不是廢話嗎」。的確，「己所不欲勿施於人」的道理，說不定連幼稚園老師都會教。當然會有人認為這是廢話。

可是，希望大家不要把這問題想得太簡單。

因為，雖然就連當時的我也想過「己所不欲勿施於人」，可是對業務員來說，提高「眼前的業績」是死活問題。愈是為了這點拚命努力，就算自己沒那個意思，還是會對別人做出「己所不欲」的事。

自己「站在被推銷的立場」時，就能輕易看出「業務的私心」，但是當自己「站在推銷的立場」時，瞬間就看不到「自己實際上搞砸了什麼」。不只如此，還會合理化自己的行為，認為這不過是「身為業務應該做的事」。人類就是這樣的動物。

所以，我認為把「己所不欲勿施於人」這句話想得太簡單是很危險的事。

不如說，我們應該更要擔心自己是否「一個不注意就陷入本位主義，成為只想到自己的人」，隨時反省自己的言行舉止。我認為對自己保持這種「猜疑心」，是業務員的行為美學。

客戶看的，是業務員「下意識」的言行舉止

於是，我認為必須從根本改變自己的思考。

因為我是「壽險業務員」，「賣壽險保單」是我的工作。壽險業務員的存在價值，除了「業績」以外什麼都不是。更何況我是全佣金制的壽險業務員，沒有「業績」，全家人就得流落街頭。

不只如此，我個人還有一份野心，那就是「在業績日本第一的公司拿出日本第一的業績」。為了克服自己在京大美式足球隊時代留下的心靈創傷，我非達成這個目標不可。所以，這是我無論如何都不能拋棄的動機。

然而，上面說的這些充其量只對我個人有好處。

因為「我需要業績」，所以才去「對客戶推銷保險」。換句話說，這件事從頭到尾都

是「For me」，說得更嚴厲一點，**客戶只是我為了達成自己目的而利用的「工具」**。

哪個客戶會高興自己被當成工具人呢？

我犯下的這個錯誤，以最糟糕的方式呈現在強迫後輩簽約，最後被他要求解約那件事上。不過，不只對他，或許我對其他人也一直是用這種思路在推銷。

當然，我自己並非刻意要用這種方法跑業務，在保德信人壽的研習中學到的業務技巧，根據的也是與此完全相反的「思想」。

然而，**對方從我身上感受到的，不是我刻意傳遞的表面訊息，而是我下意識做出的言行舉止**。

過去，我從某人那裡聽過一個「有趣的形容」。

「有啤酒肚的男人，雖然在人前會縮肚子，別人眼中看到的，卻是他鬆懈時腆出的大肚腩」。

完全就是這樣。無論我再怎麼滿口「For you」，心底想的卻是「For me」。我必須承認這一點，重新面對業務這份工作才行。

為了得到客戶認同，平常就要注意「遣詞用字」

首先，要改掉的就是遣詞用字。

平常掛在嘴上的話語，一定會透露我們內心真正的想法。或者說，我們內心真正的想法，會在無意識之中影響掛在嘴上的話。內心的想法表現在說出口的話語上，說出口的話語構成內心的想法。我認為，只要有意識地重視遣詞用字，就能改變被「For me」支配的心。

舉例來說，保險業務常使用「贏得一張保單」的說法。

其中甚至有人會用「收割經營已久的客戶」這種說詞來形容自己的業績。我在剛成為保險業務時，也曾未經深思地使用這些說法。

然而，這正是典型「For me」的遣詞用字。為什麼這麼說呢？因為「保單合約」本來就是屬於客戶的東西。這是客戶為了保護自己重要的人生與重要的人，與保險公司簽下的「保險合約」。

明明應該是這樣，保險業務卻說自己「贏得了保單」，說得像是從客戶手中「搶來」一樣，這種遣詞用字明顯有問題。

更別說什麼「收割」了，完全沒有討論的餘地。用起這些詞彙卻一點也不覺得不對勁的保險業務，就算在客戶面前按照指導手冊內容大說「漂亮話」，客戶也早就看穿他的「馬腳」了。

所以，我從那時起，無論何時何地一定堅持使用「從客戶那裡收下保單合約」、「為客戶保管保單」的說法。

我一直告訴自己，**「保單合約」再怎麼說都是屬於客戶的東西。我們保險業務的工作只是收下並保管保單**。就這樣，「For me」的思考方式漸漸離開我腦中。

改變「遣詞用字」，「內心真正的想法」就會跟著改變。

只有打從「內心」遠離「For me」的念頭，業務員才會成長茁壯。

11 業務的工作，就是累積「資產」

只要跨過「恐懼」那條線，世界將一口氣改變

愈是想賣，愈賣不出去——

經歷被解約的「慘痛經驗」後，我終於察覺這件事。

當然，業務員的工作就是「銷售」。可是，這是業務員的事，和客戶一點關係也沒有。但業務員卻仍一味推銷，一心只想賣出商品，客戶當然會敬而遠之，對業務員產生不信任感。只要業務員一天不放棄「For me」的心態，就無法得到好的成果。

然而，人類不是那麼容易改變的生物。

明知協助客戶「做出最好的選擇」才是業務員的工作，不管再怎麼告訴自己應該這麼

做，「想賣出商品」的「For me」念頭還是會跑出來。不只如此，像我這種全佣金制的保險業務員，忍不住就會想為了業績推薦抽成數高的商品。要克服這個欲望不是一件簡單的事。

不、或許該說，**我害怕的是「不推銷」**。

業務員的工作明明是「推銷商品」，反其道而行的「不推銷」真的沒問題嗎？要是用這種方法做不出業績該怎麼辦？這個想法令我愈來愈不安，愈來愈恐懼。

可是，有一次，我不顧一切豁了出去，嘗試跨越這條線。這次的行動，成為我徹底改變的開端。

專業人士容易陷入的危險「陷阱」是什麼？

那是我嚐到被解約的嚴重挫折後，差不多又過了一兩個月的事。

當時，我的業績開始出現「節節敗退」的傾向。不但新開發的客戶數量愈來愈少，被解約後失去自信的我，大概連光明正大地說明商品內容都做不到。那個時期，我逐漸感到焦慮，心想「繼續這樣下去會完蛋」。

在這樣的狀況中，我遇見了某位客戶。跟他聊過後，我才知道他已經買了其他公司的壽險。老實說，當時我很失望，不過也沒有完全放棄。因為如果他在其他公司買的壽險內容有瑕疵，我就能建議他買更好的保險產品。

沒想到，聽完他的說明，我發現已經購買的保單內容對這位客戶而言恰到好處，沒有過與不足，非常適合他。一邊聽著他的說明，我一邊感覺到渴望許久的「業績」離我愈來愈遠。

接著，我心中產生了一股求生意志。

我是保險與金融專家，只要編個理由，就能創造推動客戶改買自家產品的機會。和我相比起來，客戶缺乏金融知識，很可能被我說服。

實際上，當我聽完對方的說明時，腦中已經浮現「可望逆轉」的說詞與一套說服對方的邏輯。話都到喉頭了，只要再加把勁，我就能展開口若懸河的說服。

可是，另一個我阻止了自己這麼做。

另一個我這樣問自己：

「這是誰的保險？」

擺脫「For me」念頭的瞬間

答案毋庸置疑。

這張保單，受益人不是我，是眼前這位客戶的保險。既然如此，我就不應該說多餘的話吧？「對客戶而言最好的事」才是我該做的工作不是嗎？當然囉，誰不想要「業績」，可是「硬性推銷」只會讓對方討厭自己……

我在短短幾秒鐘內這麼自問自答了一番後，內心的糾結瞬間消失，湧現的是一份覺悟。我這「莫名的停頓」令客戶露出訝異的表情。但是，我自然而然對他說：

「您那張保單非常好，很適合您。您買了一張很好的保單呢。」

說這話的瞬間，實在很心痛。

因為這下，我到手的「業績」肯定飛了。

沒想到，客戶一臉開心地說：「真的嗎？有你這位專家掛保證，那我就太放心啦！」

看到他開心的表情，連我都跟著高興起來。

一方面覺得自己「做了好事」，同時，內心也產生一股彷彿「解脫」的感覺。**說出「您買了一張很好的保單」那一瞬間，我也感到自己「終於不用再強迫推銷了」**。能夠擺脫「For me」的情緒，整個人都神清氣爽了起來。

那位客戶人很好，還關心地對我說：「可是總覺得很抱歉，金沢先生也是保險業務員，一定很想賣出自己的產品吧……」

聽到他這麼說，我也打從內心回答：

「別這麼說，我的工作不只是『賣保險』。我非常樂見所有見面的客戶都能買到最適合自己的保單。」

在那之前，我雖然也會在心裡告訴自己「保單是屬於客戶的東西」、「不能一味推銷，要做出對客戶最有利的事」，但是內心未必真的這麼想。可是，這次在面對客戶時實際把話說出口，忽然覺得那些想法一口氣「成真」了。

不去追求「眼前的業績」，而是累積「名為信賴的資產」

這個故事還沒結束。

過了一陣子，那位客戶聯絡我。

「上次多謝你了。總覺得對金沢先生你過意不去，所以我到處幫你注意有沒有朋友想買保險喔。結果啊，還真的有呢。你能跟我那個朋友見見面嗎？」

這真是太令人開心了。

就因為老是站在「For me」的出發點推銷，以前我走過之處都成了「一片焦土」。沒想到，終於也出現願意主動幫我介紹新客戶的人了。原本因為開發新客戶的對象愈來愈少，而陷入危機的我面前，彷彿再次出現一絲希望之光。

這次的經驗，成為我業務員人生的「原點」。

為什麼這麼說呢？因為從這時起，我不再追求「眼前的業績」，終於確定「增加信任自己的客戶」才是更重要的事。

就算當下無法拿到保單合約，只要和對方建立起「信賴我這個人」的關係，就有可能開拓「新的希望」。這次的經驗，對我影響非常大。

同時，我也用自己的方式找到業務這份工作該有的樣貌了。

應該說，我終於察覺過去自己的誤解。我一直把增加客戶「母數」看得很重要。這點當然絕對沒有錯。然而，**更重要的是，腳踏實地增加「把我視為可信賴的人」的客戶母數**。

就算當下沒有跟我簽訂保單契約，只要能讓對方產生「想買保險就找金沢」的念頭，日後對方「想買保險」時，一定會第一個來聯絡我。或者，當對方的親朋好友需要買保險時，他一定也會考慮介紹給我。

當然，對方跟我買保險可能是一年後的事，也可能是五年後的事，甚至是十年後的事。說不定他這輩子都不會跟我買保險。不過，那樣也沒關係。總而言之，重要的是增加「視我為可信賴之人」的對象母數。

因為業務就是「機率論」。**只要「視我為可信賴之人」的對象「母數」增加了，來聯絡我或「想跟我買保險」的人數就會增加，隨之而來的，就是簽約保單數量的增加。**

那時的經驗，讓我奠定了這樣的想法。

之後，累積愈來愈多業務經驗，實際證明了這個想法是「絕對正確答案」。想成為成功的業務員，不能只追求「眼前的業績」。愈是那麼做，業務工作就會愈陷入瓶頸。該做的不只是追求眼前的業績，累積「名為信任的資產」更為重要。只要擁有這樣的「資產」，「道路」一定會愈走愈寬。

12 用「成為」取代「想成為」

比起「高遠的目標」，更重要的是下定決心「成為〇〇」

應該設定高遠的目標——

世人經常這麼說，我也認為，這是「做好工作」不可或缺的條件。

我進保德信人壽第一年時，就在個人保險部門拿下「日本第一」的業績，這正是我以「日本第一」為目標努力的成果。就像不把富士山當目標的人不會去爬富士山一樣，**不把「日本第一」當目標的人不可能成為日本第一，競爭激烈的保險業界可不是那麼好混的地方。**

但是，「高遠的目標」這個詞彙，有其需要注意之處。

翻開字典查閱「目標」這個字，上面的說明是「為了前往某處，又或是為了不迷失方向所需的指標」。舉例來說，我們會講「以那座島為目標，朝東方前進」。換句話說，「朝東方前進」才是目的，「那座島」只是「具有指標作用」的目標。

同樣的道理套用到業務工作上，或許很多人會說「以日本第一為目標，做出好成績吧」。也就是說，目的充其量只是「好成績」，「日本第一」不過是一個指標。說得更直接一點，根本不是真的以「日本第一」為目標。

然而，我認為那樣終究無法成為「日本第一」。

這件事，我在隸屬京大美式足球隊的大學時代就深深體會過了。再重複一次，那時的我雖然老是把「成為日本第一」掛在嘴上，其實從未真心這麼想。

現在回想起來，當時的我，在內心某處認定贏不了競爭對手，教練沒來監督練習的日子，我也會想「偷懶一下沒關係」。還有，因為訓練實在太嚴苛，我也經常冒出「好想早點引退」的想法。

結果，我終究沒能拿下「日本第一」。正確來說，不是「沒能拿下」，而是我壓根沒真的想要拿下。一個沒認真想要拿下日本第一的人，不可能拿下日本第一，美式足球當然也不是這麼好混的運動。換句話說，我無法成為「日本第一」是天經地義的事。

所以，我認為不能只是「設立高遠的目標」。

「只要以成為日本第一為目標，就能做出好成績」，這種程度的想法，只能達到差強人意的成果。重要的是真的認定「日本第一」這個目標。**不只是「達到高遠的目標」之類的空泛言論，而是下定決心「我就是要成為日本第一」**。其實這才是在工作時最難的事。

下定決心不是一件容易的事

實際上，我在保德信人壽也花了好一段時間糾結，才終於下定「要成為日本第一」的決心。

當然，我之所以加入保德信人壽，原本就是「想在業績日本第一的公司成為日本第一的業務員」，為了找回自己在京大美式足球隊時代不曾付出的「認真」，因此早已多次告訴自己「要成為日本第一」。也對認識的人做出「我要在保德信人壽拿下日本第一業績」的宣言。

然而，光是這樣，人類還是無法輕易做到「真心認定」。只是把「成為日本第一」掛在嘴上，內心深處還是會出現「太難了……」、「不可能辦到……」的聲音。

更何況，即使剛進公司時我曾做出一番不錯的成績，但在半年後就嘗到被解約的挫折滋味，成績開始「節節敗退」。

唯一能鼓舞自己的，只有轉變為「放棄一味推銷，爭取客戶信賴」的態度後，終於獲得客戶介紹的新客戶。話雖如此，雖然成功地從「追求眼前業績」的業務形式轉換為「累積名為信任的資產」，但也花了一定時間才看到實際成績。

在那樣的狀態下，當時的我對「狀況真的會好轉嗎」的不安還比較大。說老實話，我每天都焦慮得想吐，實在不是能認定自己「一定會成為日本第一」的狀況。

「宛如天啟般」的下定決心

沒想到，這樣的我，在某個瞬間忽然下定決心「要成為日本第一」。能下定這個決心，靠的絕對不是自己的意志力。儘管我一直催眠自己「成為日本第一吧、成為日本第一吧」，卻遲遲無法下定決心。然而，非常不可思議的是，**就在某一瞬間，「宛如天啟般的」，我就這樣下定了決心**。

那是我被後輩解約後經過差不多三個月時的事。

八月七日，長子榮己出生，我決定請一個星期的假，帶家人到輕井澤旅行。

才剛進公司第一年的菜鳥，又還沒做出什麼了不起的成績，竟然就請了一星期的假，連我自己都知道這太「沒常識」。但是，想到暫時遠離工作或許能整理情緒，我就不顧一切地請假了（或許只是想逃避也說不定……）。

然而，到了輕井澤，我完全無法享受與家人親密共度的旅遊時光。因為我是一個全佣金制的保險業務員，一星期不工作，就等於這段時間的收入會是「零」。光想到這一點就不禁著急。

工作不順利就算了，竟然還像這樣請了假，讓我內心的焦慮不斷增長。就算和家人一起玩樂，我也心不在焉。看到家人樂在其中的表情時，我反而有種心力交瘁的感覺。

尤其是對妻子，我一直懷著一份「特別的情感」。

之所以這麼說，是因為她在我提出想轉換跑道，成為保德信人壽業務員的想法時，不但一點也不反對，還從背後推了我一把。

一般而言，聽到丈夫說要離開像TBS這樣眾人欣羨的職場，當一個全佣金制的保險業務時，大概所有做太太的都會發動「阻擋攻勢」吧。可是，當我小心翼翼提出「想轉換跑道」的想法，她只回了句「是喔」。我再確認一次「可以嗎？」她則平靜地說：「你不是已經決定了嗎？」

只不過，她也提出了條件。那就是「要生第二個小孩」。我驚訝地說：「這不是會給家庭帶來風險嗎？我又不是領固定薪水……」她卻這麼說：「你要下定決心啊。」老實說，這句話深深震撼了我。真要說的話，是妻子讓我下定了決心。

站在「客觀」的角度看自己，能看到原本看不到的東西

而現在，「第二個孩子」出生了，我還像這樣帶家人到輕井澤玩……剛出生的寶寶和天真無邪的年幼長女，都是我必須守護的人。還有，不知是否感覺到我在工作上陷入困境，一如往常開朗照顧家人的妻子。看到這樣的她，我產生了一股難以言喻的心情。

我換了這麼一個不穩定的工作，她一定也很不安。

她不但吞下了不安，還在我背後推了一把，我事業卻發展得不順利，後悔自己轉換跑道……明明應該要讓她安心生活，露出開心的笑容才對，我到底在搞什麼？我這副德性真是太遜了……

像這樣站在客觀角度檢視自己，立刻湧現一股抗拒的心情。

我是白痴嗎……現在是沮喪的時候嗎？怎能讓妻子和孩子看到自己窩囊的模樣！

說起來，我不是為了成為日本第一，為了展現帥氣的一面，才轉換跑道進入保險業界的嗎？不是要讓過去那些瞧不起我的人刮目相看嗎？**想展現帥氣的一面需要什麼？這還用問嗎？當然是在工作上拿出漂亮的成績單。只有這條路可走了吧**。不、為了拿出漂亮的成績單，徹底正視自己，拚命奮鬥的樣子就很帥氣了……

實際想像「最糟糕的未來」

我一邊這麼斥責、激勵自己，一邊想像最糟糕的狀態。

要是和隸屬京大美式足球隊時一樣，輸給自己「想偷懶」、「想逃避」的心情，無法「認真到底」的話，在業務員這份艱難的工作上絕對拿不出漂亮的成績單。不只如此，在全佣金制的保德信人壽，拿不出漂亮成績的業務員，將失去容身之地……

這是多麼可怕的未來。

想像自己辭掉ＴＢＳ工作時嘴上說得好聽，結果才一年就受挫換工作的模樣。想像自己害妻子傷心難過的模樣。想像到了那個地步，還是得想辦法苟且偷生的自己……

我對自己懦弱、不中用的一面再清楚也不過。正因如此，想像中那最糟糕的未來非常有真實感。我打從心底感到恐懼，浮現「絕對不要走到那般田地」的強烈念頭。

我再也無法繼續待在原地。

去打行銷電話吧。這麼一想，我立刻從包包裡拿出「名片資料夾」，對正在享受渡假氛圍的家人說「抱歉，我出去一下」，便從住宿的小木屋中衝了出去。請了一星期的假而感到不安的我，出發前在包包裡放了名片資料夾，好讓自己旅途中也能工作。

小木屋位於森林中，周圍連路燈也沒有。

除了從小木屋內透出的光線，四下一片漆黑。所以，只有一個地方能讓我打電話。我鑽進車裡。

雖說是避暑勝地輕井澤，當時的季節正值盛夏，車裡熜熱得不得了。可是，要是為了開冷氣而發動引擎，就會吵醒在小木屋裡睡覺的兒子。如果開窗透氣，又會招來蚊蟲。無可奈何之下，我只好滿頭大汗地打電話。

「鞠躬盡瘁」後，再多努力一把

我拚了命地努力。

為了不陷入剛才想像中的「最糟糕的未來」，唯有現在全力以赴。若想在回東京之後立刻全力投入業務工作，現在就要盡可能爭取更多與客戶見面商談的機會。所以，我要求自己「沒有約到十個人不能回小木屋」，關在車上持續打電話。

不只如此，我連至今一直逃避打電話的對象都打了。

有的是過去曾經交換名片，但因對方社會地位比較高，或是心理距離比較遠，我一直遲遲不敢打電話過去。也有曾經拒絕過我一次的對象，或是批判過我業務方式的人。

打電話給這些人需要相當程度的勇氣。

但是，現在不是說這種喪氣話的時候。不、正因過去的我老是說這些喪氣話，我才會淪落到這麼不中用的地步。這麼一想，我開始接二連三打給在那之前一直逃避聯絡的對象。

已經記不得當時究竟打了幾小時的電話。

幾乎所有人都才剛接起來就掛掉，或是講不到兩三句話就拒絕我，工作效率差到不行。襯衫因為汗溼而黏膩，穿在身上非常不舒服。不過，幸好關在密閉車內，自尊受傷或忍不住火大時，我正好可以毫不顧慮地大聲罵出「可惡！」或用「好！繼續下一個！」等口號激勵自己。

但在這些原本我逃避打電話的對象中，也有人很乾脆地答應與我見面聊聊，**讓我發現原來過去只是擅自顧慮太多，自己錯失了機會**。

就這樣，我勉強達成了設定目標，爭取到與十位客戶見面商談的機會。

雖然累得筋疲力盡，「成就感」還是讓我擁有健康的心情。人在忐忑不安時，愈是胡思亂想，煩惱愈會「滾雪球式」的不斷膨脹。相較之下，為了逃離不安的心情，做出積極向前的行動時，光是這樣不安就會逐漸消失。

於是，我不經意地想：「好！再多加把勁，多爭取一個願意見面商談的客戶吧！」或許**我是想擺脫美式足球時代那個從未「多加把勁，超越極限」的「懦弱的自己」**。

總而言之，當時在我「再加把勁」的努力下，順利多約到一個願意見面的客戶。事實上，與這位客戶的會面，後來發展成一張大保單，對我「成為日本第一」的目標具有重要意義。有機會再提這件事吧。

我下定決心「要成為日本第一」的瞬間

結果，直到回東京前，我每天晚上都在車裡打行銷電話。

就這樣，離開輕井澤，踏上回家的路時，我的行事曆手冊裡已經塗滿黃色螢光筆做的記號。雖然心裡還是焦慮，但我感覺得到自己這次休假中重新「上緊發條」，打算一回東京就以銳不可當的氣勢投入工作。

隔天早上，一到公司。

坐我隔壁的業務同事問了關於剛出生不久的長男榮己的事。

「金沢先生，你知道榮己小弟出生那天的八月七日是誰的生日嗎？」

「不、我不知道。」

「其實，跟我父親生日同一天喔。」

他開玩笑地這麼說。正當我內心暗忖「這傢伙搞什麼啊」時，他才又笑著說「開玩笑的啦，開玩笑的」。接著，這位同事吐出了驚人之詞：

「其實八月七日是德萊頓的生日喔。這肯定是在暗示金沢先生將拿到德萊頓獎了吧？」

他口中的德萊頓，指的是保德信人壽的創辦人約翰・F・德萊頓（John F. Dryden）。在保德信人壽，每年拿到「日本第一」業績的業務員可獲頒一座「德萊頓獎」。

就是這個瞬間。**像開關「啪」的一聲打開，我下定決心「要成為日本第一」**。也可以說我堅信自己「會成為日本第一」，或者說我決定「絕不把這個頭銜拱手讓人」……反正，我終於決定要「玩真的」了。接著，就在這年的三月（日本的年度末是三月），「玩真的」拚命到底的結果，我奇蹟似地反敗為勝，成為「日本第一」。

拿得出「壓倒眾人成果」的人，體驗的是何種「心理狀態」？

這段經驗講起來好像「有點神秘」，或許有些人也會覺得可疑。

然而，這真的是我的心路歷程。而且不只是我，許多留下壓倒眾人成績的運動選手或經營者也說過類似的話，許多人都有過同樣的體驗。只要認定「我辦得到」、「我可以」，人類就會發揮非常大的力量。至少我是這麼相信的。

只不過，那樣的心理狀態，或許不是靠自己控制意識就能達到。

我自己也一直告訴自己「要成為日本第一」，但卻始終沒有「當真」過。是同事的那一句話拆掉了我內心的閘門。換句話說，**決心不是自己下的，是心自己決定的**。

話雖如此，只是坐等「心下決定」的瞬間來臨，那一刻百分之百不會到來。為了讓「心下決定」，我們還是有自己應該做的事。

「否定負面」的力量，能夠「創造正面」

首先，是要正視「危機意識」。

那時，我深受「這樣下去身為業務員的前途會完蛋」的危機意識威脅。此外，在我試著想像「最糟糕的未來」後，那悲慘的想像也令我震撼不已。

可是，正因如此，我才會湧現「絕對不要落入那般田地」的強烈想法。

我認為這份強烈抗拒的心理非常重要。**危機意識愈強，對未來的焦慮不安愈重，想否定這種「負面狀況」的心理力道就愈大。我甚至認為，這時的抗拒心理正是促使自己「下定決心」，「朝正面改變」的原動力。**

就這層意義而言，工作不順利，陷入危機的狀況雖然痛苦，但也正是改變的機會。

改變狀況的不是「思考」，而是「行動」

第二步，就是運用這時的抗拒心理，做出具體脫離危機狀況的行動。

即使產生了「可惡，怎能就這樣結束」的抗拒心理，若沒立刻採取具體行動也不行。產生抗拒心理的瞬間，就要試著全力行動。以我的例子來說，「在車子裡打行銷電話」就是我的具體行動。當時我揮汗如雨拚命地打電話，對後來的成功起了關鍵性的作用。

這是因為，改變狀況的從來不是「思考」，而是「行動」。

如果我只是在那次假期中徒然煩惱，卻沒採取任何行動，回到東京後肯定還是一樣憂鬱。正因我採取了「在車內打行銷電話」的行動，填滿了往後好幾星期的行事曆，就算內心仍有不安，回到東京時，已經能對「未來的可能性」抱持希望。

而且那時，一些原先我逃避打電話的對象欣然答應見面，也讓我獲得「原來自己還有努力餘地」的樂觀。這是坐在原地煩惱絕對不可能獲得的東西。透過實際行動，讓我看見了意想不到的希望。

再者，也還好我在達成「與十個人約定碰面」的目標後，再要求自己超越目標，「多爭取一個人」。

因為，**光是「堅持到底」的感覺就能為自己帶來信心**。只要「堅持到最後」，完成所有預定要做的事，就算接下來還是不順利，也能豁達地想「那也沒辦法」了。即使不順利，至少關於「堅持到底」這件事，還是可以給予自己一定程度的認同。這樣的認同，會在內心深處形成支撐自己的「自信」。

於是，我在自己的預期外，已經做好了「讓心下決定」的準備。

的確，「讓心下決定」的導火線是同事那句「八月七日是德萊頓的生日，這肯定是在暗示金沢先生將拿到德萊頓獎吧？」但是，要是我沒有先在輕井澤的車內拚命打行銷電話。同事的話也無法在我內心激起一絲漣漪。

第3章

與客戶建立「We的關係」

13 改變「語言的方向」

站在「會帶來成果嗎」的角度重新思考自己所有言行舉止

成為「日本第一」——

如此下定決心的我，以「物理上不可能再增加更多」的程度，用盡全力將能夠接觸的客戶「母數」拓展到最大值。同時，我也徹底重新檢視與客戶之間的溝通狀況，反覆修正。反省自己平時的言行舉止，從一切「是否都能帶來成果」的觀點進行檢查。

當然，做這些事的先決條件不是為了「銷售」，而是為了細心地建立起與每一位客戶之間的「信賴關係」。我相信，只要腳踏實地儲備「名為信任的資產」，總有一天會帶來「成果」。為此，我該如何與客戶接觸才好？透過實際經驗的累積，在錯誤中反覆修正，我終於也確立了屬於自己的業務模式。

我最在意的，是「**一切都要站在客戶的角度思考**」。

在此，請讓我以「爭取見面機會」一例來說明。

就如前面提到的，一開始，我也仿效身邊的前輩，用電話行銷的方式爭取和客戶見面的機會。可是，由於這是佔據客戶時間的「叨擾」行為，現在幾乎全都改成用電子郵件聯絡了。

使用電子郵件，客戶可以在他們方便的時間讀信，如果覺得麻煩或沒興趣，甚至可以連看都不看這封信。已讀不回也沒關係。總之，電子郵件是最不會造成客戶壓力的聯絡方式。

不只如此，電子郵件對我來說也有好處。

如果是打電話，就必須在客戶方便接電話的時段內打才行，我自己的行動自由將會受限。而且因為不能在晚間打電話給客戶，我想要「投入所有白天時間跟客戶見面」的「作戰」就無法運用了。

只要有「慣用句」，就能超有效率地「爭取見面機會」

電子郵件還有另一個值得感恩的優點，那就是，只要事先準備好「慣用句」，就能一口氣寄出大量的電子郵件。

當然，郵件內容還是得配合不同對象修改、增減或改變表現方式，但是，這樣的微調比起一通一通電話打，還是要有效率多了。為了達到將接觸對象「母數」拓展到最大值的目的，使用電子郵件比打電話效率更高，這是顯而易見的事。

重要的是，**「慣用句」可以隨時修正**。

隨時注意「該怎麼做才能獲得客戶更好的反應」，逐步摸索出最佳形式的慣用句。我一開始寫下的「慣用句」後來也像這樣不斷進化改變了。

這類慣用句沒有所謂「完美句型」。不如說，如果心裡開始自滿，覺得「這麼寫最完美」的時候，自己的成長也將就此停止。**唯有持續追求「更好的東西」不斷改善，才能好好鍛鍊身為業務員的「感受力」**。

所以，我從來不認為自己寫下的「慣用句」完美無缺。不過，還是能分享幾個我特別留心的原則。

首先最重要的是，不要讓人覺得「好像很麻煩」。打開郵件的瞬間，如果看到一片字海，就會讓人喪失想閱讀的「意志」。要盡可能善用換行，用短而精鍊的文句把想說的話講完。

這裡要注意的是，不要把文章寫得太過禮貌。**當然，對客戶的禮儀必須做到足。但是郵件如果寫得過度禮貌，會增加許多字句，讓人喪失想讀的意志**。即便客戶願意讀完，也會覺得：「那我是不是也該回得同樣有禮才行……」，反而為客戶帶來壓力。有些人說不定就因為覺得麻煩，而不想回信。

此外，也需要思考如何體貼客戶，盡可能不要「麻煩他們費神」。為此，我會在信中清楚寫出我希望約客戶碰面的幾個時間點。雖然完全配合客戶的時間感覺比較合乎禮儀，但站在客戶的立場，還不如從業務員提出的三個候補選項中，選出自己方便的時間點，這樣比較不費勁。

而且，因為調整行程的主導權在我手中，對我而言也比較有利。

業務員的工作就是「與人碰面」，所以行程表一定都會排到很後面去。如果要一一配合每個客戶調整，馬上就會亂成一團。為了不要引來這種麻煩，**業務員最好把調整見面行程的主導權抓在手裡**。

用「請讓我聽聽您想說的話」取代「請聽聽我想說的話」

其中，我認為最有效果的，是改變「語言的方向」。

一開始我在打行銷電話時，也按照業務指導手冊上寫的，這麼向對方說：「有些對您將來有幫助的事想跟您分享，請務必撥冗聽我說明。」

然而，「請聽我說」這句話的方向，是「我對客戶說」。這種說話方式不但太強硬，站在客戶的立場，只會覺得「反正一定是想拉保險吧」。簡單來說，這是一句「試圖推銷」的話。

於是，我徹底改變這種說話方式，改成「請務必讓我聽聽您的意見」。話語的方向，變成「客戶對我說」了。光是這樣，帶給客戶的印象已經非常不同。不但不是硬性推銷的強迫，說不定還能給人謙遜的印象。對年紀大的長輩或比自己年長的人特別有效。

原本，當寄件人是「保德信人壽的金沢」時，對方就會認為「啊、這是一封拉保險的信」了。**如果寄件人還寫下「請務必聽我說明」等字句，簡直就是毫不掩飾「我想賣保險！」的「硬性推銷」**。何必專程做這種令客戶退避三舍的事呢？

另外，「請讓我聽聽您的意見」也展現了我的立場。

我下定決心，再也不做「推銷」的事。

所以，「請讓我聽聽您的意見」是我的真心話。我希望自己好好聆聽客戶說的話，要是有能幫上忙的地方，我再提出協助。如果最後能導向「簽下保單合約」的結果，當然更令我高興，可是，就算對方不買我的保單，只要能和客戶建立信賴關係，身為業務的我的工作就算「成功」。為了展現我這樣的立場，我一直堅持使用「請讓我聽聽您的意見」。

14「面對面」說話，找到「重點」

「初次見面」赴約前，絕對該先做的事

第一次和客戶見面時，該做什麼才好呢？

這對業務員來說，是極為重要的問題。第一印象的好壞，將大大影響業務員與客戶的關係，當然必須小心注意。

第一次和客戶見面前，我有件一定會做的事。

那就是「再次確認見面的目的」。這個目的絕對不是「賣保險」，而是「建立名為信任的資產」。每次出發前，我都會再確認一次。

說得更誇張一點，我會告訴自己「今天不聊保險的事也沒關係」。因為才第一次見面，首先，最重要的是讓對方接受我這個人。即使這次沒提到保險的事，只要建立起還有機會相約見面的關係就好。最糟糕的狀況是遇到對保險毫無興趣的人，那就只見這次面也沒關係。我會這樣對自己說。

聽起來很煩，但我這人個性謹慎，要是不每次這麼確認，我總擔心「想賣掉商品」的心情會不小心洩漏出來。就算只有一點點，只要被客戶察覺到業務有這種念頭，客戶的心就會立刻遠離。**「想賣掉商品」是業務的「職業病」，一定要再三提醒自己，將心情整理好才行**。

另外，我在與客戶見面前，經常打電話給妻子。

業務這份工作，面對的往往是一連串「被否定」。「被否定」這件事，會對人的心理造成很大的打擊。老實說，和客戶見面令人「害怕」。但是，要是帶著這份恐懼心情去和客戶見面，可能連客戶都會感受到莫名其妙的緊張感。

所以，我會在與客戶見面前，先打給絕對不會說任何否定我的話，只會對我說「加油喔」的妻子，聽聽她的聲音。剛開始這麼做的時候，每天至少打十通電話給她。

可能會有人說「都老大不小了，是在撒什麼嬌？」。但是，我倒覺得如果有可以撒嬌的對象，那就撒嬌一下比較好。只要是能對「成果」加分的事，我決定都盡可能去做。

比起高級飯店的咖啡廳，街頭小咖啡店更好

心情整理好了，就前往約定碰面的地方。

我不怎麼講究「地點」。

有些業務員喜歡跟客戶約在高級飯店的咖啡廳，原因是「為了展現對客戶的敬意，選擇高級的場所比較好」或「想成為一個提供優秀服務的業務，自己最好也接受別人優秀的服務」等，我聽了覺得也有道理，起初曾經仿效過，但是很快就不再堅持去這些高級的地方了。

這是因為，要是每次都去高級飯店咖啡廳，幾次下來的費用就「高得嚇死人」，去這些地方還經常遇到同行跑來打招呼，教人坐立不安。

再說，比起仰賴「場地」的力量，用只有自己能做到的方式為客戶提供服務不是更好嗎？**自己的「價值」不是來自高級場地，也無須依靠身著名牌華服，而是自然而然散發的東西**。

因此，我不再與客戶相約飯店的高級咖啡廳，更常去的是空間寬敞舒適又安靜的街頭咖啡店。儘管只是普通咖啡店，只要能確保舒適空間，就不會對客戶失禮。更何況，離車站近的街頭咖啡店對客戶來說反而更方便。

當然，我最晚也會在約定時間的十分鐘前抵達、入座。

當客戶蒞臨時，我會立刻從位子上起身招呼，讓對方一眼就能看見。總而言之，要拋棄各種邪念，只懷抱「能見到您真是太開心了」的心情，直率開朗地打招呼。

適度的「緊張」是業務員的後盾

打完招呼坐下來，差不多就要正式開始了。

因為是第一次見面，無論如何都會緊張。不過，完全沒必要消除這份緊張。我反而認為，適度的「緊張」是業務員的好幫手。明明是初次見面的對象，對方卻擺出一副很熟的樣子，無論是誰都會覺得「這傢伙怎麼這樣」吧？所以，**刻意「裝熟」其實會造成反效果。有點緊張的業務員，比較容易讓客戶留下好印象**。

最重要的，是自己也要享受見面這件事。

會造成妨礙的是「想賣掉商品」或「非賣掉不可」等邪念。將這些東西拋到腦後吧，只要想著如何和眼前的客戶用心交流，一起開心度過見面當下的時光就好。只要能讓客戶產生「和金沢在一起很開心，心情變得積極向前了」的感覺，這次的見面就算非常成功。**當身為一個人類的自己獲得對方認同與接受，工作自然就會開始順利**。

仔細想想，雖然見面的原因是「推銷保險」，在地球上幾十億人口中，我們兩人能如此碰面，已經是奇蹟般的緣份。只要去想如何讓這份難能可貴的緣份更美好就好。為此，最好把「賣保險」這件事忘掉。

那麼，該如何和眼前的客戶用心交流呢。

答案很簡單，找出「共通點」即可。

拉近彼此距離的訣竅，就是盡可能找出共通點。出身地也好，興趣也好，喜歡的運動也好，就讀的大學也好，小孩或美食話題也好，什麼都可以，總之就是要找出能讓彼此深入交談的「共通話題」。

當然，找尋共通話題時，絕對不能冒昧「打探」或「追究」客戶的私事。拉近距離不是靠這種方法。一開始，可以先提供一些不會踩到地雷的普通話題，和客戶一來一往地聊天。想像以「面」的方式鋪展自己有興趣的話題即可。

一邊這麼聊，一邊就要觀察對方的反應。

一定會在聊到某個話題時，看到對方向前探身，聲音語氣提高了一些，或是表情忽然為之一亮的瞬間。這一個瞬間，就是客戶對話題感興趣的證據。只要找到並抓住這個「點」深入聊下去，彼此的對話一定會熱烈起來。這時，就能順利縮短和客戶之間的距離了。

就像這樣，我和第一次見面的客戶聊天時，都會想像自己正從「面」的鋪陳中找尋「點」。效果很好，請大家不妨試試看。

對客戶抱持純粹的關心，是業務成功的「秘訣」

想知道和對方有什麼共通點，事前的準備也很重要。

見面之前，可事先盡可能調查關於客戶的事。如果客戶是透過別人介紹的，也可以請介紹者提供一些情報。現在這個時代，光是上網查都能查到不少值得參考的資訊。如果對方有玩社群網站，從中更是能夠獲得具有深度的情報。就像這樣，從與對方的共通點中找尋「正中紅心」的話題。

這種方式曾立下大功，讓我和一位實力派經營者初次見面就培養了好感情。

得知有機會和那位客戶見面時，我立刻上網查詢對方的相關資訊。一查才知道，他高中時曾是打入甲子園的棒球選手，而且還拿下亞軍。我心想，這個話題絕對「會中」。我國中高中也是棒球隊，沒有比這更好的共通點了。

當然，要是一見面就拿出這話題，那可就表現得太刻意了。

所以，一開始我先自我介紹，提到自己辭去ＴＢＳ的工作轉行投入保險業的原因。對方聽了就說：「是喔，那你真的豁出去了耶。」似乎對我這人開始感興趣的樣子，我知道機會來了「就趁現在！」，於是便轉移話題說：「聽說您以前打過棒球？」

因為才剛提到我曾是美式足球員的事，再拿棒球當話題一點也不會不自然。聽我這麼問時，起初對方只有「對啊」的淡淡反應，但總算是開啟了這個話題。

於是我接著說：「能打進甲子園真不容易耶。我國中高中也打過棒球，甲子園實在是個太遙遠的夢想。」對方似乎覺得「喔？你滿懂的嘛」，臉上表情也為之一變。我打蛇隨棍上繼續說：「而且您隸屬的球隊還拿下了亞軍，真的很厲害。」這是我的真心話，對方聽了臉上更是笑容滿面。

看到這樣的笑容，就代表對方已經敞開心扉。我接著提出「當時都做了哪些練習呢」和「遇到戰況危急時，要用什麼態度面對呢」等棒球專業問題，他都毫不藏私地一一與我分享。就這樣，當天結束會面時，我們兩人之間的距離，已經拉近得像認識多年的朋友。

如上所述，找到共通點，能為我們帶來很大的力量。為了找出共通點，一定要先拋棄「想賣出商品」的心情。充其量只能以一個人的身分對客戶表現單純的興趣。就這層意義來說，**或許「對客戶感興趣」正是業務成功的「秘訣」**。

15 首先要「開誠布公」

與客戶的溝通，「聆聽」是基本

與客戶的溝通，「聆聽」是基本。

第一次見面時，必須找尋與對方的共通點，在那之後，為了找出客戶潛在的保險需求，為對方做出最適合的保險提案，就必須更深入熟悉對方。

為此，只想「賣出」而一味推銷商品好處的做法就不用說了，把著眼點放在「聆聽」客戶說的話才是理所當然的事吧。我之所以要在初次見面時找出彼此之間的共通點，也是為了藉此讓客戶敞開心房，樂意與我分享自己的事。

「聆聽」需要「提問」，但是第一次見面時，不太好尋根探底地「追問」太多人家的事。要是不小心變成「拷問」的氣氛，有些客戶反而會因此緊閉心房。

舉例來說，**有個業務技巧叫做「收集小小的ＹＥＳ」，但我認為這會造成反效果，所以完全不使用這個技巧**。

我想各位應該也聽說過，「收集小小的ＹＥＳ」，就是在對話中不時提出諸如「今天天氣真好對吧」、「聽說您畢業於〇〇大學？」、「您家裡有年幼的小朋友啊？」等，對方絕對會回答「ＹＥＳ」的問題。這也可說是一種「心理技巧」，透過收集大量的「小小的ＹＥＳ」，目的是讓客戶下意識對業務員抱持正面印象。

不刻意收集「小小的ＹＥＳ」

問題是，這麼做很煩人。

的確，比起一見面就談商品，聊些無關緊要的小事，「收集小小的ＹＥＳ」或許能達到一定程度的效果。但是，如果要與客戶建立真正有意義的關係，這些問題的本質幾乎沒有意義不是嗎？

說起來，我也以消費者的立場遇過不少業務員，其中有很多人對我使用過「收集小小的ＹＥＳ」的技巧，提出瑣碎的問題。老實說，一一對這些問題回答「ＹＥＳ」，讓我覺得很麻煩。

而且，因為這個技巧的目的是為了「盡可能收集ＹＥＳ」，問題多半很膚淺，也很容易被對方發現背後真正的企圖是「想把話題帶到商品上」。老練純熟的業務員或許能將這套方法運用自如，但是一般業務員想收集「小小的ＹＥＳ」時，往往只會招來客戶對自己不信任的結果。

所以，「收集小小的ＹＥＳ」這個手法，我很早就捨棄了。

一方面也是基於「己所不欲勿施於人」的想法，說得更直白一點，**客戶其實沒那麼好騙，靠這點小聰明小手段，並無法真正取得客戶的信任**。倒不如說，試圖用這種小手段操縱客戶心理是很失禮的事。

另外，我還會像下面這樣自問自答。

如果是我自己，會對怎樣的業務員產生好感？願意信任怎麼樣的業務員？這麼一想，答案就呼之欲出了。那就是，能用自己的話好好說明自己是什麼樣的人，抱持什麼想法做這份工作的業務員。他說的話才有真實感，會讓人自然而然想聽。

於是，我決定不靠小手段，採取正攻法。

首先，我會提醒自己要老實袒露自己，「開誠布公」。

希望客戶對自己敞開心扉說話，前提是自己也要先打開心房。「自己是個什麼樣的人？」、「為什麼選擇從事保險行業？」我認為有必要大大方方告訴客戶這些關於自己的事。

真要說起來，當時我見面行銷的對象，幾乎都是「原本沒打算買保險的人」，所以突然講起保險話題，他們也不會願意認真聆聽。**如果想加深與這些客戶的溝通，只能增加大家對我這個人的「親近感」、「共鳴」及「信任」等正面感受了。**

要能用自己的話說明「為什麼當業務」

其中最重要的，是讓對方理解「我為什麼選擇從事保險業」。這是因為，眼前的客戶是為了「來接受我推銷保險」，而在這個時間點出現在這裡。讓客戶知道身為推銷員的我是懷著什麼樣的「心情」從事保險業務這份工作，是客戶判斷能否信任我這個人時不可或缺的參考資料。

只不過，客戶的「眼睛」都很雪亮。如果我說的話裡有「謊言」或「誇大不實」的內容，當場就會被識破。所以，我總是不斷自問自答：**「為什麼我選擇從事保險業務？」我會深入追問自己，發自真心「用自己的話」說明原因**。

正如前面敘述的，我從TBS離職，立志成為保險業務員的原因是想改變「倚賴TBS招牌而活」的自己，重新取回京大美式足球隊時代喪失的自信。所以，我認為自己必須認真投入業務工作，「在業績日本第一的公司成為日本第一的業務」。

老實說，這是我個人私事，與客戶無關。說得更明白一點，這也是一種「For me」。然而，這些都是我的真心話，所以我可以將自己成為保險業務的動機告訴客戶，毫無一字虛言。因此，雖然其中也有無法認同我這份動機的對象，實際上大多數的客戶都能對我感到「共鳴」。

值得感恩的是，其中更有許多人願意支持我這個努力的保險業務，樂意跟我買保險。因為愈是努力的人，往往也願意支持同樣努力的人。

我之所以賣「保險」，有什麼絕對不可動搖的原因？

不過，我選擇從事保險業的原因當然不只如此。

我進入保德信人壽的動機，當然也不是只有「想在日本第一的公司成為日本第一的業務」這麼簡單。**自己都無法認同或理解「價值」的商品，我也不會想賣**。因為我打從心底認同「保險」的價值，更進一步說，正因我對保險「心懷感謝」，才會選擇踏上這條「路」。

其實，我並非應屆考上京都大學。

高中時代與重考時代，我總是在模擬考中拿下「A」判定，即使進了重考班也每天都在玩。老實說，我就是小看了考大學這件事。就這樣，我考京都大學落榜兩次，最後考上的是早稻田大學。

雖然放不下想讀京都大學的念頭，我還是進了早稻田，加入美式足球隊，還交了個啦啦隊女友，盡情享受在東京的大學生活。沒想到，大一那年的十一月，老家的事業經營失敗，陷入父母不得不申請破產的事態。

母親打電話給我說「我們這邊會想辦法，你不能跑回來喔」。她是個堅毅的人，一定會用盡辦法籌措我的學費。

但是，我讀的是理工科，光學費一年就要一百六十萬日圓。再加上美式足球隊的活動費和生活費，無論怎麼想，都不認為家裡拿得出這筆錢。所以，我立刻決定從早稻田大學退學，於十二月搬回大阪老家。

回到老家才知道，家裡狀況有多糟。

真的沒有錢，是連飯都吃不飽的狀態。這時我才深深體會到，自己在這之前理所當然花用的「一萬日圓」，是多麼寶貴的一筆金額。

身為長子的我責無旁貸，一定要放棄讀大學開始工作賺錢。然而，家人對此卻提出猛烈反對，說他們會想辦法，要我無論如何都得讀完大學。事實上，我的父母年輕時都曾不學好，只有高中畢業的學歷。他們不懂英文，連去唱卡拉ＯＫ，唱到英文歌詞時也只會照著上面標的片假名發音。正因為是這樣的父母，他們不管怎樣都希望我這個兒子擁有高學歷。

我當然非常明白爸媽的這種心情。

但是，當時實在無法老實說聲「謝謝爸媽」就好。我也因為堅持「家裡現在這種狀況，哪還能悠哉去上大學？身為長子的我會去工作，家裡的事我來想辦法！」，而和父母起了爭執。

能發自內心闡述自己「賣的商品」有什麼價值嗎？

這時，出面勸導我的是祖母。

「你乖乖去上大學，學費我來出。」

「妳哪來的錢？」

「這小事，只要把保險解約，問題就解決了。」

沒想到，**祖母多年來都有買一份儲蓄險**。「你知道爸爸媽媽是懷著什麼樣的心情送你去讀書的嗎？錢奶奶來出，你給我去上學！」當祖母這麼對我說時，我哭得止不住眼淚。

可是，當下的狀況真的非常嚴苛。

我回大阪是那年十二月，大學入學考是隔年二月，幾乎只剩下兩個月時間準備。以一般觀念來看，要考上是「不可能」的事。

不過，這樣反而好。家人的心意推了我一把，讓我徹底下定決心。就這樣，我抓住機會再次挑戰落榜兩次的京大，沒日沒夜用功準備應考，睡覺之外的時間都拿來讀書。連我自己都覺得當時的專注力非同小可。最後，我竟然在只準備了兩個月的情形下考上京都大學。

對有過這樣經驗的我來說，**「保險」正是挽救我人生的無可取代商品**。正因如此，我自己在成為社會人後立刻投保高額壽險，遇到結婚生子等人生重大場合，我都會再提高保額。為了守護自己所愛的家人與人生，我確信保險是對我有必要的商品。

連這些事情，我都毫不保留地告訴客戶。

我也會告訴客戶：「正因如此，我才希望將自己堅信的『保險』服務內容傳達給別人，為此選擇踏入保險業，成為一個保險業務員。當然，決定要不要買保險的人是客戶，就算您跟我談過之後決定不買，那也完全沒關係。只要您能給我正確傳達資訊的機會，我就非常感恩了」。聽我這麼一說，幾乎所有客戶都能接受。

正因客戶對我的人生故事有所共鳴，很多人還會主動以「其實我也……」的開場白說起自己的人生故事。我與客戶的深入溝通，有時就從這裡開始。

重要的是，深入追問自己「為什麼要賣這項商品？」這樣就能用自己的話、自己的表達方式，向客戶訴說自己的故事了。

這些話，業務指導手冊裡都沒有教，查遍全世界的書也絕對找不到。因為答案只在我自己的人生故事中。就這層意義而言，推銷員、業務員的工作或許該從「深入理解自己的人生」開始。

16 與客戶建立「We的關係」

業務成交的「絕對條件」是？

業務從「開誠布公」開始——

我是這麼想的。

大多與我碰面的客戶，幾乎都沒有「買保險」的意願。既然如此，**講再多「保險」的事都打動不了他們的心。與其講這些，更重要的是讓客戶對「我這個人」產生興趣和共鳴**。這麼一來，他們才會開始產生「聽聽這個人想說什麼吧」的心情。

這就是為什麼，業務員一定要從說明「自己是個什麼樣的人」與「懷著何種心情踏入這一行」開始，毫不保留地對客戶開誠布公。只要能因此讓客戶對自己感興趣、起共鳴，客戶就會願意敞開心扉，開始聊起他們的「人生」與「心情」。

這一點真的非常重要。

因為，要先做到這樣，業務員和客戶之間才有可能建立「We 的關係」。

推展業務不順利，往往因為業務員老是把彼此的立場固定為「我是賣方」、「客戶是買方」。然而，一旦能順利交換彼此的「人生」與「心情」，就能分享彼此在不確定的人生中努力生存的「革命情感」。無論深淺，在建立這樣的關係後，「業務」才有成立的希望。

當然，說到底這總歸是「業務」。

就算是認識多年的朋友，要「建立革命情感，成為人生同志」也不是那麼簡單的事。既然連朋友都這麼困難了，又怎可能與只見過幾次面，甚至還是為了推銷目的才認識的人建立起來？

可是，我還是想透過一場場業務上的邂逅，和眼前的客戶建立起長久往來的關係，讓對方總有一天能打從心底認同我是「有革命情感的人生同志」（事實上，後來真的很多客戶和「我這個人」建立起這樣的關係）。

當客戶開始訴說自己的「想法」，我們就要進入「聆聽」模式

為此，重要的是「聆聽」。

業務員得先「開誠布公」，是因為**唯有自己先敞開心扉，才打得開客戶的心房**。所以，業務員不能只顧著「講自己的事」。等客戶對自己打開心房了，就該傾盡全副精力去傾聽客戶的「人生」與「心情」。

只是，這麼做需要「時間」。

這也就是為什麼，我要盡可能花時間與客戶見面。一般來說，業務與客戶見面的時間都會被設定在「三十分鐘」左右。研習時學到的銷售腳本，準備的也都是在半小時內

就會結束的內容。問題是，當客戶開始聊起他們平常無處可宣洩的想法和心情時，這點時間根本不夠用。

所以，我在與客戶約定碰面時，至少都會請對方給我「一小時」（當然，也有配合客戶狀況縮短時間的時候……）。此外，雖然一般保險業務員基本上都以見面三次就拿到保單為目標，我的方法卻是不給自己設限，**增加見面次數也沒關係，只要能徹底聆聽客戶想說的話就好**。

要緊的是，傾聽的身份是一個「人」，而不是一個業務員，讓客戶訴說對自己人生的想法與心情。

業務員和客戶一樣都是人，兩者之間必定能找到人生中相似、相仿的部分，互相有所共鳴。只要能發自內心傾聽對方說話，客戶自然願意吐露平時深埋心中的「心情」。

這時，**若業務員能好好承接住客戶的「心情」，下次客戶也會願意傾聽你想說的話**。這時，才終於能夠談到關於「保險」的事。

當然，人與人之間也有合得來合不來的問題，有時就算業務員再怎麼站在客戶立場傾聽對方說話，還是會有不願打開心扉的客戶。或者，也有即使願意交心，但仍不打算「買保險」的人。

這種時候，就沒必要勉強提起關於「保險」的話題。因為這麼做也只會招來厭惡而已。與其如此，不如感謝對方把這段寶貴時間撥給自己，最後說聲「我是保險專家，以後如果有我幫得上忙的地方，歡迎您隨時與我聯絡」就好（事實上，滿多人後來有需要時都會再與我聯絡）。

只要談及「加入保險的原因」，客戶就會套用在自己身上思考

如果不屬於無法共鳴或暫時不打算買保險的對象，我就會直率地向對方提出：「您想不想知道為什麼保險一定會對人生有幫助呢？」（如果當天時間所剩不多，就拜託對方再跟自己約一次）

對方願意聽，我才進入「保險」的正題。只不過，此時若從老生常談的「保險的必要性」開始談，恐怕會破壞好不容易建立起的「We的關係」。

所以，我會先開誠布公地聊起「自己為什麼買保險」。如此一來，不用我苦口婆心勸告，客戶聽了我的故事，知道我買保險的原因，也會自然而然套用在自己身上想像，深入思考「買保險的需要」。

我一進入TBS工作，就立刻買了保險。

當時的我原本對保險完全沒興趣，只是京大的同學問我「要不要跟保德信的壽險業務員見面聊聊？」基於同學情誼，我才答應和那位業務員見面。原本打算馬上婉拒，但是，**和那位保險業務聊著聊著，我才發現自己早就開始擔心父母老後的生活**。

前面也已經寫過，我的父母白手起家，創建自己的事業，費盡千辛萬苦努力工作，為的就是讓我擁有好學歷。沒想到，我還在就讀早稻田大學時，他們就宣告破產了。即使如此，那之後他們仍領別人的薪水勤奮打拚，讓我安心從京都大學畢業。

我進入TBS後，包括同屆同事在內，很多人家境良好，家世非常優秀。和這些同事相處在一起，反而讓我以辛苦扶養自己長大的雙親為豪。

只因生長在無法接受良好教育的環境，我的父母連去卡拉ＯＫ唱歌都看不懂英文歌詞，只能按照上面的片假名標音唱歌。這樣的父母為了我死命工作，把所有的愛都給了我。沒有他們，就沒有今天的我……

是那位保險業務員讓我重新有此體認。與那位業務員一起思考「父母老後的事」，讓我開始感到非常擔心。

秉持「當事人」意識，面對客戶「擔心的事」

我爸媽是活力十足到有點聒噪的典型大阪歐吉桑、歐巴桑，但是，即使這樣的他們，必將也有年老的一天。

更何況，他們已經自我宣告破產，身上沒有足夠的積蓄。這樣的兩人的老後生活，由我這個長子來負擔也是天經地義的事。如果我有個什麼萬一，他們的生活怎麼辦……

把所有的愛都給了我，拚命將我養大的雙親上了年紀之後還得被迫過著辛苦的生活，那畫面光是想像我都無法忍受。於是，我決定以父母為受益人，投保高額保險。這麼做固然是為了父母，更是為了完成自己「想為父母付出的心情」，無論如何，我都必須保這個險。

一說起這件事，大多數客戶都會感同身受地說「我明白」。同時，他們大概也都會想起自己重要的人。「我也把父母留在老家了」、「我的孩子還小……」像這樣，大家都會說出自己擔心的事。

這份「心情」，和我對父母的「心情」一樣，換句話說，我是**以「當事人」的心情來面對客戶的人生**。

接著，我對客戶說：「我們一起來想想如何解決您擔心的問題吧？」這麼一說，大部分客戶都願意跟我約下次見面的時間。自然而然地，就能具體提到關於「保險」的事了。

17 不講「道理」，用「畫」傳達

說明商品時，從「概略→詳盡」的方式表達

該怎麼說明商品才好呢？

這應該是所有業務員抱頭煩惱的事吧。

我也在嘗試與錯誤中不斷修正。我銷售的「人壽保險」屬於金融商品，說明時難免會跑出複雜的數字和種種專業用語。談得愈深入，內容就會變得愈複雜。

不只如此，人壽保險這種商品因為必須長期支付費用，是金額很高的商品，法律規定銷售者（也就是保險業務員）有義務對客戶詳細說明商品的好處與壞處。就道義而言，這也是理所當然的事。

但是，當保險業務員善盡這項義務時，保單的細節說明起來實在複雜難懂，經常面對客戶難以理解的狀況。結果，說明與不說明都不是，成為保險業務的兩難。

我想這應該不只限於壽險，而是各式各樣商品銷售業務員共通的難題。

為了做好複雜的商品說明，大家都會準備詳細的提案資料。我也不例外，事先做好萬全準備，將各種數據資料整理好，為的就是不管客戶問得再細都能好好回答。

麻煩的是，劈頭就把資料拿給客戶看，對方也只會看得一頭霧水。到最後，往往落得**我愈想說明清楚，對方愈是聽不懂**的事態。這樣下去別說完成業績了，甚至無法盡到「好好說明清楚」的責任。

那麼，該怎麼做才好？

其實就是「提案的基礎」，按照「概要→細節」的順序說明就好。

不要一開口就說「細節」。先大致上讓對方理解「概要＝商品的本質」，確認客戶已經掌握概要後，再逐步往下說明「細節」。只要留心按照這個原則去做，客戶的反應一定會相當不同。

不過，這做起來意外困難。

這是因為，銷售業務員擁有專業知識。

一旦聽到對方問「簡單來說，這是什麼東西呢？」，擁有專業知識的人往往會想「這個和那個都要詳細說明，否則無法正確傳達」，一不小心又說起了「細節」。結果就是讓外行的客戶聽得一頭霧水。

所以，業務員應該思考的，是如何將智慧、時間與精力用在「讓客戶輕易理解概要」。當然，也必須準備好足以說明「細節」的萬全資料，但這份資料只要製作一次，之後反覆使用即可。比起這份資料，更該做的是從每天的業務活動中觀察客戶反應，思考「該怎麼做才能一說就讓客戶聽懂概要」。

用「圖像」取代「理論」

在這件事上，我也反覆嘗試了許多種方法，一路在錯誤中修正。

最後得到的結論是，不要講「理論」，而是用「圖像」的方式傳達。

對客戶傳達「商品概要」時，就像看圖說故事一樣，在客戶腦中畫出這項商品的「圖像」。這話聽起來或許有語病，但就像給孩子看的故事書總配上許多「圖畫」、「照片」或「圖解」一樣，為了讓對金融商品外行的客戶直覺掌握「商品的概要」，「圖像」式的說明最具有壓倒性的效果。

舉例來說，我經常使用下面這個說明：

「假設您和太太、孩子三人一起划著小船橫渡大海。

這時，負責划槳的當然是家裡力氣最大的您。無論波濤洶湧還是逆風，想必您都會為了最愛的家人盡力划船。

可是，萬一您掉到海裡怎麼辦。這麼一來，接下來就必須由太太和孩子來划槳了。在大海中划槳的任務連您都感到吃力，對您的家人來說，肯定是一趟更嚴峻的旅程。

那麼，假設您們原本搭乘的是有一千個划槳手的大船呢？即使少了您一個人划槳，也還有九百九十九個划槳手，船依然順利前進。您的太太和孩子也不用辛苦划船了。

保險就像搭上這艘大船的船票。

船票的種類也有很多種。比方說，有便宜的船票，也有六十五歲抵達目的地後就對您說聲『恭喜』，送您下船的船票。另外一種船票價格比較貴，但是六十五歲過後仍然可以繼續搭船，即使在六十五歲時下船了，還能把至今支付的船票錢都拿回去。這就是『定期保險』與『終身保險』的差異。另外，還可以做這樣的組合……」

像這樣子說明，客戶腦中就會出現「圖像（畫面）」，以直覺的方式理解「定期保險」與「終身保險」的差異。要是用「理論」方式說明同樣的東西，聽起來一定很複雜難懂。但是，**只要讓客戶腦中浮現「畫面」，客戶百分之百能瞬間理解**。

所以，我想出好幾個像這樣「看圖說故事」的「故事畫面」放在手邊備用。這些故事，成為我業務力的一大後盾。

重要的是，**銷售的人要知道，正因自己是這項商品的專家，說明起來反而有所「極限」**。沒有專業知識就無法銷售這項商品，反過來說，若是滿腦子只有專業知識，反而會無法用簡單易懂的方式向客戶說明商品。因此，業務員一定要站在沒有專業知識的客戶立場，徹底思考用什麼樣的「圖像」說明，客戶才更容易明白。

18 像「觸診」一樣傾聽客戶的話

提供各種話題，從中探究客戶的「真心話」

再重複一次，與客戶溝通時，「聆聽」是一切的基礎。

不過，光「聽」也不行。重要的是一邊聽著客戶的話，一邊從中找出「客戶的真心話」。「客戶重視的是什麼？」、「客戶擔心的是什麼？」知道這些後，再去思考自己能提供何種商品，來支持客戶這樣的心情。我認為，這才是銷售業務員「存在的真正意義」。

所以，我會從與客戶的談話中，找尋打動對方的點。

見面時，從家庭、子女、資產與繼承等等與保險直接相關的話題，到運動、出身地、興趣、特別講究的事等等與客戶個人相關的資訊等話題我都會提，從聊天中觀察客戶在提及哪個話題時展現特別的反應。

要注意的是，那種反應是「下意識的反應」。客戶並不明確知道自己「真正重視的是什麼」或「真正擔心什麼事」。就算明確知道，他們也不會對才剛認識的保險業務說。這是人之常情。

不、**正因那是出自下意識的反應，所以才稱得上客戶的「真心話」**。

不妨想像醫生為病患「觸診」的樣子。病患不一定知道自己身體的哪裡出毛病，所以，醫生會透過觸診找尋病患的「痛點」，再進一步找出症狀及病因。

和這一樣，業務員透過觀察，找出客戶展現特別反應的話題，從中判斷客戶潛在的需求。這就是銷售業務員的工作。

有十個人就會有十種反應。

提及重要話題時，有人聲音會突然高亢，有人眼神會變得犀利，有人眉毛一動，有人往前探身。所以，**我會把客戶整體視為一幅「圖像」，我必須仔細注意這幅圖像上發生的「變化」**。

就像玩「大家來找碴」遊戲。從兩張看似相同的畫裡，找出「不一樣的地方」。用「找碴遊戲」的要領仔細觀察客戶的「變化」，當發生明顯變化時，就代表那底下隱藏著重要問題，可以順著當下聊到的主題深入挖掘。

凝神細看客戶下意識的「變化」

比方說，曾有這麼一件事。

那次見面的客戶，是認識的人介紹的三十一歲未婚上班族。

我在跟這位客戶見面時，心想「應該告訴他趁年輕時買保險好處絕對比較多」。然而，稍微談了一下我就發現，他只是看在介紹人的「面子」才來跟我見面，對「趁年輕時買保險好處絕對比較多」的話題一點興趣也沒有。因為他給我「不管怎麼說都沒用」的感覺，我也就沒有繼續深入保險話題，心想，只要和他維持人與人之間的聯繫就好。

不過，日後他成家時，或許會想找我買保險。想到這一點，我還是決定先把自己買保險的理由告訴他。

於是，就在我提及自己「當初完全對保險不感興趣，只是擔心自己有個萬一時，沒人幫忙照顧老邁的父母，所以決定投保高額保險」時，他的表情突然出現明顯的變化。

在那之前幾乎面無表情的他，眼神忽然有了力量。

尤其在我毫不保留地說到自己父母事業失敗，幾乎沒有存款的事時，他似乎對此有所共鳴，表現出很能理解的樣子說：「這樣會很擔心吧……」這下我直覺到，他肯定是個為家人勞心勞力的人。

只要業務員「開誠布公」，客戶也願意提及私人敏感話題

我像鸚鵡學舌似的重複了一次：「家人的事真的很教人擔心啊……」。

結果，原先一句話都不說的這位客戶開口說了起來：「其實……」原來他的弟弟有先天的障礙，從小就需要人照顧，而他自己出社會後來到東京工作，老家只剩下父母和弟弟一起生活。現在家人都靠他寄回家的錢過日子，他無法不擔心萬一自己出了什麼事，弟弟未來的生活將如何是好。

於是，我告訴他，可以用便宜的定期保費為弟弟保高額保險。他聽了非常高興，委託我替他設計具體的保險計畫。不只如此，後來他也為自己買了保單。

像上面這個例子一樣，**關於客戶家人隱私的敏感問題，幾乎沒有人會主動告訴保險業務員**。

再者，這位客戶原本也不知道「保險」這項服務能為他擔心的弟弟解決一部分問題。所以，我們做業務員的多方面提供各種話題，就能為客戶增加察覺解決之道的機會。我認為這一點非常重要。

此外，這雖是我自己的想像，那位客戶之所以願意對我坦承自己家人的隱私問題，或許是因為我先毫不保留地坦承了自己「父母做生意失敗，老後沒有儲蓄」的隱私。**在**

私人敏感話題上由我先「開誠布公」，客戶也就比較容易把自己的隱私問題說出口。

明白客戶的「想法」，就能拓寬「道路」

還有這麼一個例子。

那次，我去和一位繼承家族事業的第二代社長見面。

一般來說，向經營者推銷保險商品時，業務員一定會提出的優點之一，就是「投保壽險可以節稅」。然而，這位社長對「節稅」兩字卻顯得一點興趣也沒有。這時，我也以為「要說服這位老闆買下保險應該很難……」已經決定暫時放棄了。

沒想到，當我請他分享經營公司時的甘苦談時，他提起了某位員工，而這段對話令我印象深刻。

那位員工和社長同一時期進公司，是一位非常優秀的人。當社長從上一代手中繼承事業，公司最艱辛困苦的時期，也是這位員工盡全力支援了社長。社長激動地說，真希望能早點讓這位員工升上董事，好報答對方長年支持公司的恩情。

於是，我發現一件事。

對這樣的社長提出「用投保來節稅」的策略一點意義也沒有。因為這位社長最在意的，是如何對過去協助自己的員工表達感謝之情。

這時，我向社長提出，趁那位員工升上董事的時機投保「董事保險」的提案。「董事保險」的保費由公司支付，當董事有什麼萬一時，就可用保險理賠支付死亡退休金給這位董事的家人。若董事平安工作到退休，保險解約返還金還能充當退休金。

聽了我的提案，社長很高興地說：「沒想到還有這種保險！」能夠用具體且實際的形式表達他對員工感謝的「心情」，他似乎真的非常欣慰，立刻委託我為他設計保單具體內容。

不能讓「偏見」蒙蔽雙眼

回顧這些過去的插曲，我再次察覺了一件事。

那就是——沒有比「偏見」更可怕的事。

我自己也是如此，在對那位三十一歲單身男性推銷時，內心存有「趁年輕投保好處一定比較多」的偏見，遇到第二代經營者時，也認定對方一定對「保險節稅」感興趣。而當我發現他們兩位對我的提案沒有明顯反應時，還差點就放棄了。

幸運的是，這兩個例子都在仔細觀察客戶反應後，順利察覺自己錯誤的「偏見」。但是說不定，過去還有更多在跑業務時被「偏見」蒙蔽雙眼，無法順利察覺客戶反應「變化」，而導致銷售失敗的例子。這麼一想，我也重新體認到「偏見」有多可怕。

業務員很容易下意識認定「某種屬性的客戶一定有某種需求」。這樣的偏見，就很可能蒙蔽自己的雙眼。

所以，**面對客戶時保持「沒有得失心」，把注意力集中在細微的「變化」上，這才是最重要的事**。我猜，所謂名醫一定是用這種方式進行「觸診」的吧。業務員也需要具備這樣的資質。

19 完全不「導入成交」

別賣弄小伎倆，卻因而失去長遠的利益

「我不會導入成交。」

每次聽我這麼一說，大家都很吃驚。

各位應該也知道，「導入成交」是在銷售業務的最後階段，將客戶心理確實誘導至「購買」或「簽約」的技巧。擅長此一技巧的人成交率特別高，所以，一聽到我說「不導入成交」，也難怪大家會吃驚。

事實上，很多業績亮眼的業務員都熱衷於研究導入成交的技巧，鍛鍊出一套讓客戶點頭說「YES」的技術。我在「剛出道」時也曾學習前輩們的導入成交技巧，試圖活

用在自己的銷售場合。

可是，漸漸地，我對這個做法感到不對勁。

舉例來說，當還差一步就要簽約的客戶在最後一刻說「我可以再考慮一下嗎？」無法馬上做出決斷時，老經驗的業務員就會用巧妙的話術改變客戶心意，若無其事引導客戶當下做出決斷。

只是，**再怎麼「若無其事」，依然掩蓋不住業務員背後「想成交」的欲望**。我無論如何都不喜歡這一點。

更何況，客戶總能敏感察覺業務員的心理狀態。就算當下順利拿到客戶的保單，我總覺得，日後和這位客戶之間的信賴關係也會產生微妙的距離。

所以，我認為應該更重視銷售的「原點」。

合約不屬於業務員，不管怎麼說都是客戶的東西。這就是銷售的「原點」。購買的又是壽險這種高額商品，客戶在做決定時謹慎小心也是理所當然。**比起勉強導入成交，**

業務員更應該尊重客戶的意願，讓客戶自行做出判斷。

看到我這麼寫，或許有人會覺得只是在說漂亮話。

可是，一如前面反覆提到的，對業務員而言，最重要的不是「眼前的業績」，而是腳踏實地建立與客戶之間的信任感，這才是業務員最重要的「資產」。即使錯過「眼前的業績」，只要能維持雙方的信賴關係，說不定哪天客戶還是願意把保單交給我，又或者是為我介紹其他客戶。這才是業務員的「生命線」。

既然如此，就別再冒著傷害與客戶之間信賴關係的風險，賣弄導入成交的小伎倆了。因為那麼做也無法為自己帶來長遠的利益。

用「協助」取代「誘導」客戶做決定

所以，從某個時候開始，我完全不使用「導入成交」的技巧了。

比方說，像前面提到的那樣，有客戶告訴我「想再考慮一下」或「想參考別家的商品」，無法當場做出決定時，我也只會回答「沒問題，請再仔細思考看看」。

但是，我依然打從心底相信保險商品的價值，為客戶做出的，也都是配合對方狀況徹底思考過後的保單計畫。換句話說，為客戶強烈推薦商品的念頭依然不變。

因此，我認為，當客戶在做決定時有所猶豫，我就必須從旁「協助」他做出決定。

不是「誘導」客戶做出決定，而是「協助」。這話聽起來可能很像在玩文字遊戲，其實不是的。「誘導」決定和「協助」決定是完全不同的兩件事。

重點在於「做出決定的主體是客戶」，最重要的就是死守這個原則。當超過這條界線時，「協助」就會變質，成為「試圖操縱客戶」的「誘導」了。

訂出「期限」，按下決斷思考的開關

那麼，該如何「協助」呢？

比方說，可以訂出一個「期限」。任何人在購買高價商品時都會比較謹慎，但是，如果太優柔寡斷，有時也會陷入始終做不了決定的事態。保險是一種愈早投保愈有利的商品，要是一直做不出決斷，有時會害客戶最後反而用不利的條件投保。

這時，我會以提出期限的方式這麼回答：「請您今晚回去仔細考慮看看，明天跟我聯絡好嗎？」

或者，當客戶說「要回去跟太太商量」時，我也會說：「我懂，平常沒什麼機會和太太針對人生好好討論，我覺得回去跟太太仔細商量是很好的事。只是人活著不曉得明天會發生什麼狀況，如果今天晚上不和太太討論，搞不好就沒機會討論了。所以請您務必在今晚跟她討論看看喔。」

當然，也不是每次都把期限訂在「明天以前」。說來理所當然，必須配合客戶身處的狀況改變「期限」，因為每個例子的狀況都不一樣。

重要的是「訂出一個期限」。做任何工作都一樣，人類這種生物如果不給自己設定「期限」，就很容易東想西想地陷入迷惘。訂出「期限」，有助於人們按下「決斷思考」的開關。

提出「選項」，幫助思考聚焦

只是，光訂出「期限」還不夠。

訂出「期限」後，更重要的是明確指出「該思考什麼？」、「該決定什麼？」

正因為思考沒有聚焦，客戶才會「東想西想」陷入迷惘。為了幫助他們走出迷宮，身為保險專業人士的業務員就該為客戶明確指出「問題的要點」。

為此，在針對保險內容深入溝通的過程中，業務員就得仔細觀察客戶的反應，辨別出他們對哪些事感到迷惘。以此為前提，為客戶提出能解決問題的選項。

舉例來說，「重要的是決定選擇保單計畫A還是計畫B」或「考量的重點在手上有沒有美元。針對這點考量過後，再請您跟我聯絡」。我會這樣具體給客戶意見。

當然，我提出的選項，都以「客戶會投保」為前提。

我對自己規劃提案的保單內容有充分信心，身為業務這也是理所當然的事。站在這樣的基礎上，提出協助客戶仔細思考的「選項」供他們參考，才是正確的「協助」方式。**所謂的選項，指的不是「選擇要不要投保」，給予客戶的所有選項都以「確定投保」為基礎**。

像這樣，將「期限」和「選項」交給客戶後，剩下的就交由客戶自行判斷。最後，有人過了期限仍未與我聯絡，也有最終決定這次不投保的例子。但是，和使用「導入成交」技巧時相比，成交率並沒有下降。

不只如此，就算最後沒有成交，我還是會好好感謝願意考慮的客戶。如此一來，與客戶之間的信賴關係得以加強，不少人後來想買保險時還會再來找我。所以，與其冒不受客戶信賴的風險使用「導入成交」技巧，我相信自己這種方式要「好太多」。

面對只用「損益」做判斷的客戶，最好不要放感情

此外，即使遇到客戶表示「也想考慮別家公司的商品」時，請一定要告訴客戶「沒問

題，請比較之後再做決定」。

老實說，這樣的回應是一種「逞強」。我也很想對客戶說「請相信我，跟我買保險吧」。可是，如果客戶希望考慮別家，我也只能說「沒問題，請這麼做」。

另一方面，還有這種下決心的方法。

舉個例子，有些人會拿同一份保單內容，請其他保險公司的業務員估價，就算只便宜一元，他也表示自己會選擇更便宜的一方。如果是這樣的客戶，打從一開始就與我無緣。這是因為，保險這種東西，基本上跟哪間公司買都「不會有太大差別」。換句話說，**能讓客戶說出「想跟金沢買」才是身為業務員的功力。也正因為如此，保險業務員才有存在的「價值」**。

然而，若客戶只因「便宜一元」就寧可選擇投保其他公司產品，那表示我這個業務員對他而言「毫無價值可言」。既然客戶做出這種判斷，我也只能提得起放得下，請他去投保其他公司的保險。

實際上，這種客戶即使這次跟我投保，只要下次別的公司推出「更好的商品」，他就會輕易跳槽。

當然，這代表「我這個人」魅力不夠，關於這點我也深切反省。只是，光靠「損益」判斷的客戶，內心一定沒有「這位業務員如此誠心誠意，我不管怎樣也要支持他」的念頭。所以，對這種客戶乾脆放手才是正確做法。

第4章

別迎合客戶，要服務客戶

20 要懂得「顧慮」，但不要「太客氣」

「幫我介紹幫我介紹」模式，只會造成負面影響

客戶一把保單交給我，我就會開始不安。

當然，客戶願意找我投保，把保單交給我保管，這就表示我的「業績增加」，這是好事，對此我也感到高興，有鬆了一口氣的感覺。

然而，與此同時，這也代表我「又少了一位有望簽約的客戶」。**除非這位客戶至少介紹一位有望簽約的客戶給我，否則我接下來的業績只會「愈來愈少」**。

所以，我也在錯誤中嘗試修正，以自己的方式徹底思考如何讓客戶願意為我「介紹」新客戶。現在就將我確立的一套訣竅告訴大家。

首先，是拜託客戶介紹的時機。不用說，這一定會是在客戶願意與我簽下保單之後。我通常都是親手將保險證券拿給客戶，趁著請客戶針對合約內容做最後確認的時機，先好好感謝客戶一番後，再拜託客戶幫忙介紹親朋好友給我。

只不過，如果此時展現出「幫我介紹幫我介紹」的猴急態度，那就太糟糕了。雖說客戶一定是對業務員有一定的信任，才會願意把保單交給我們，沒頭沒腦地就被拜託「幫我介紹」，任誰都會感到沒趣。

說到頭，對客戶而言，要把自己認識的人介紹給保險業務員，並不是一件容易的事。平常生活就夠忙碌了，還要為了這事聯絡親朋好友，光是這樣就對客戶造成負擔。更何況，**客戶得去拜託自己的親朋好友「能不能跟我的保險專員見個面？」這也會造成心理上的負荷**。

再者，若業務員態度有問題，還很可能破壞客戶與親朋好友的關係。站在客戶的立場，當然希望盡可能不用幫忙介紹。

考慮到客戶的這些心情，就知道幫忙介紹這件事，對客戶而言只有壞處沒有好處。因此，拜託客戶幫忙介紹時，首先一定要有這層體認才行。

面對面拜託客戶

話雖如此，如果沒人幫忙介紹，業務員也會活不下去，這是不爭的現實。

所以，我會老實對客戶坦言這個現實，直話直說地請客戶幫忙介紹。一方面「顧慮」客戶被拜託介紹時的心情，但也不要「過度客氣」。

要說這是厚臉皮，倒也無可反駁。但是，因為是我發自內心的請求，「開誠布公」不需要猶豫。此外，**只要確實「顧慮」到對方的立場，沒有人會認為「發自內心的請求」太失禮**。

我大概都是像這樣拜託客戶幫我介紹的：

「我身為○○先生（小姐）的保險專員，今後也希望能與您保持長久的往來。但因為我是全佣金制的業務員，要是沒有下一個客戶，這份工作就繼續不下去。所以，想請您務必幫忙介紹親朋好友給我認識。

老實說，這份工作不好做。但是，透過保險，讓我在客戶寶貴的人生中有所貢獻，對我而言做這份工作就值得了，也打從心底享受和各位客戶結緣的每一天。

我想做的並不只是賣保險。

只是，保險這項服務帶給我自己許多幫助，我也希望自己能分享有幫助的資訊給您介紹的親朋好友。要不要投保由客戶來決定，我的工作只是為各位介紹有用的資訊。

可是，站在街頭跟人搭訕，一般人也不會想停下腳步聽保險業務員說的話。所以，只要碰個面就好，請讓我借助您的力量多認識一些人。」

有效展現「努力的樣子」

像這樣拜託，大部分客戶都會產生「想盡量幫忙」的念頭。不過，如果沒有先滿足以下兩個條件，我大概也無法獲得客戶如此善意的回應。

第一個條件，是對我為了克服學生時代的「挫折感」，為了成為一個不用倚賴ＴＢＳ「招牌」的人，拚命以「成為日本第一業務員」為目標的奮鬥模樣有所共鳴。

為了讓客戶有所共鳴，我在與客戶見面時，只要有機會就會「開誠布公」，坦言自己平常白天四處跑業務，晚上在公司勤奮加班至半夜，甚至強調自己在公司用睡袋過夜的拚命三郎模樣。

另外，**跟客戶約定下次碰面時間時，我也會出示我的行事曆手冊讓客戶看**。一看到我寫滿預定計畫的手冊，客戶就能理解臨時更改見面時間，對早已排定緊湊行程的我來說有多為難。同時也讓他們產生「這傢伙很拚嘛」的認知。

還有，**就算提早準備好要寄給客戶的電子郵件，我也不會馬上寄出，而是故意設定在半夜兩～三點的時段或早上六～七點的時段寄出。這也是為了有效展現我努力奮鬥的模樣**。

當然，這些充其量只是「演出效果」。毋庸置疑的是，發自內心，誠心誠意與客戶交流、溝通，仔細規劃客戶的保險提案書，誠實對應客戶提出的需求……像這樣腳踏實地做好眼前的工作，上述「演出」才會有「效果」。

客戶對業務員的言行舉止很敏感。

尤其是打算購買壽險這類高額商品時，客戶面對業務員時都會抱持警戒心。業務員的一言一行如果有所矛盾之處或試圖掩蓋什麼，客戶都能敏感察覺，立刻與這名業務保持距離。所以，**比什麼都重要的，是一定要以誠實正直的心情面對工作**。

正因如此，客戶才會認同「這傢伙真的很努力在打拚」，也才會打從心底產生「想盡量幫幫他」的念頭。

尤其是那種本身就拚命工作或努力完成過什麼事的客戶，多半更是會全力支持（這樣的客戶在評價業務員夠不夠「認真」時也最嚴格就是了……）。

對方對「介紹」有所猶豫時，立刻收手才是正確答案

第二個條件，是我**絕對「不推銷」**。

一如前面已經提過的，客戶在受託「介紹」時，最擔心的是業務員態度不好，導致介紹人與親朋好友之間寶貴的關係受傷害。就算有心想幫這個業務一把，也難免有所猶豫，這是人之常情。

當然，這位客戶一定已站在信賴的基礎上找我投保，把自己的保單交到我手中。但是一旦受託「介紹」時，他還是會再次回頭思考我身為業務員的言行舉止，嚴格檢視「把這個人介紹給自己的親朋好友真的沒問題嗎？」

這個時候，業務員做什麼都沒有用了。

能否獲得介紹，取決於自己在這之前的一切表現。

比方說，客戶回頭想想，或許會覺得：「自己是閉著眼睛什麼都沒想就簽約投保了，現在回想起來業務好像有點誘導成交……」，或是：「想說算了就買了，其實沒有百分之百認同，還是有被誘導簽約的感覺……」

當他們產生了這種感覺，就算我再怎麼保證「想做的並不只是賣保險。要不要投保由客戶來決定，我的工作只是為各位介紹有用的資訊。是否可以請您幫我介紹人呢？」客戶也聽不進去了。

所以，從跟客戶接觸開始的所有業務過程中，都要拋棄「想推銷」的心情，拚命站在為客戶提供有利資訊的立場，這點真的非常重要。就算一時拿到眼前的「業績」，若這位客戶不願意為自己「介紹」下一個對象，開發不了新客戶的業務員還是活不下去。這點千萬不能忘記。

此外，當發現客戶對「介紹」這件事有所猶豫時，絕對不能死纏爛打。

要是這麼做，好不容易建立起讓客戶願意跟自己投保的信賴關係就會受到損傷。因此，當客戶不願意幫忙介紹時，最好反省自己的業務工作是不是有沒做好的地方，這樣才會有下一次。

只要與客戶的信賴關係沒有受損，總有一天，當客戶親朋好友中出現需要買保險的人，他就可能想起「或許可以介紹給那位保險專員」。**與其為了得不到眼前利益（介紹）而心急，站在長遠觀點優先培養與客戶間的信賴關係才是正確答案。**

21 要將客戶的「心理負擔」降到最小

讓客戶知道只要介紹「一到兩個人」就足夠了

對客戶來說，把親朋好友介紹給業務員是一件不容易的事。

想要克服這個心理門檻，就必須在先前的業務過程中，讓客戶產生「想盡量幫這個業務員的忙」或「把親朋好友介紹給這個業務員，他也不會做出失禮的事」的想法，讓客戶能放心把親朋好友介紹給自己。

這不是靠小聰明小技倆就能克服的問題，考驗的正是業務員的「生存之道」。只要業務員能掌握上述兩項重點，幾乎所有客戶都會願意「盡量幫忙」，產生「幫他介紹也沒關係」的想法。

只不過，需要注意的是，就算客戶嘴上說「可以幫忙介紹啊」，也未必代表他們真心這麼想。

站在客戶的立場，拒絕幫忙介紹也會造成自己的心理負擔，有時只是當場嘴上說「可以幫忙介紹」，其實只是想趕快結束這個場面（業務員有時也必須體諒客戶的這種心情）。

就我的經驗來說，**愈是一口氣拿二十到三十個人名和電話號碼給我的客戶，這類「介紹」的人裡實際聯絡得上的就愈少**。

比方說，還有個資的問題。必須先由介紹人親自跟這些介紹對象打聲招呼，才輪得到我出面聯絡對方。可是，偏偏有些介紹人會說：「不用，沒關係啦。你就直接打電話過去吧，不要說是我介紹的就好。」

也有人說「知道了，那我先聯絡完再告訴你」。可是之後不管我再確認幾次，也有人根本沒去聯絡要介紹給我的對象。這麼一來，我就一步也踏不出去了。

所以，**我總是清楚告訴客戶「只要介紹給我一兩位就可以了，但是請介紹您真正重視**

的對象給我喔」。聽我這麼一說，客戶也就理解「不能隨便敷衍了事」了。

其中也有在聽到我這麼說後，瞬間沉默下來的人。這種時候最好避免繼續死纏爛打。因為那樣不但會惹客戶厭煩，對方也不會認真介紹，幾乎只會用客套話帶過就算了。

要明確表達希望對方介紹「什麼樣的人」

接著，要跟願意認真考慮幫忙介紹的客戶深入溝通。

不過，幾乎所有人都無法當場提出介紹名單。幾乎所有人的反應都是一邊沉吟，一邊陷入思索。這絕對不是一件壞事，反而代表對方正認真幫忙篩選。所以，這種時候我也會用心協助。

此時派上用場的，就是之前每一次見面時傾聽的內容。

舉例來說，若客戶曾提過自己的家庭狀況，得知他的父親是經營者或醫生時，保險往往能活用在「繼承問題」上。這種時候，我就會問：「能否介紹令堂跟我見面呢？」

對了，這裡的「令堂」可不是誤植喔。一般而言，關於繼承問題，做兒子的很難自己對父親啟齒。最好先跟母親見面，由母親來跟父親提，成功的機率比較高。最強的拍檔是女兒與母親，由這兩位聯手跟父親說，父親一定會被說動。

或者，若是知道對方曾就讀升學名校，不妨詢問「同班同學裡有律師或醫生嗎？」如果對方學生時代打過棒球，或許也可以問「當年在棒球隊裡有沒有和誰比較好？」

就像這樣，我會具體描繪出希望對方幫我介紹的人物形象。可能有些人會覺得說得這麼直接好像太厚臉皮，其實沒有這回事。

因為客戶既然會幫忙介紹，就表示他已經有「希望盡量幫這個忙」的意願，一定反而希望我們可以明確提出自己的需求。**再者，提出明確需求後，客戶也比較容易鎖定介紹對象，所以這時我們可以不用客氣，盡量「做球」給他。**

不能一開始就急著問「聯絡方式」，要讓客戶有「暖身」時間

不過，即使客戶已經舉出具體名字，最好也不要急著問介紹對象的聯絡方式。沒錯，我們想要的是聯絡方式。但是，這對客戶來說，可是重要親友的個資，不是輕易能給外人的資訊。若是我們急著問客戶聯絡方式，反而有可能招來「我看還是算了」的結果。

這種時候，我通常會先跟客戶道謝，再對他舉出的對象提出幾個問題。

比方說，客戶打算介紹的是高中時代參加棒球隊時的同屆隊友，我就會問「對方是打哪個位置啊？」、「後來他考上哪所大學？」、「現在住在哪裡？」或「他喜歡吃什麼東西？」像這樣拋出幾個問題。

聽了客戶的回答後，一邊給出「這樣啊，感覺是個非常好的人耶」等正面反應，一邊把客戶告知的情報陸續寫進手邊的筆記本。這一個過程，能幫助我明確整握客戶介紹的對象特徵，也會加深自己想爭取和這個對象見面的實際感受。

不只如此，對客戶而言，這個過程等於實際介紹之前的暖身運動。在客戶回答過我那幾個問題後，當我再次提出「請務必介紹我和這位碰面，可否告訴我他的聯絡方式？」這時，幾乎所有客戶都很樂意將對方的聯絡方式告訴我。

只要寫電郵 將「慣用句」寄給介紹對象就好

如上所述，當客戶將介紹對象的聯絡方式告訴我時，我會請客戶先向對方確認「一個叫金沢的保險業務想跟你聯絡，可以嗎？」

前面也已經提過，很多時候介紹往往就在這裡功虧一簣，所以這是非常重要的步驟。同時，為了將介紹人心理承受的負擔減至最輕，我會請對客戶用電郵的方式跟介紹對象聯絡就好。

之所以這麼做，是因為「打電話」這件事，對客戶會造成很大的負擔。

儘管介紹對象是客戶的親朋好友，忽然要他打電話問人家「要不要聽聽關於保險的事？」也很難。除非本身就是非常優秀的業務員，不然能做到這一點的人不多。由此可知這件事帶給人多大的心理負荷，想想也就不忍心要求客戶這麼做了。

所以，**我通常會先準備好「慣用句」**。例如「**有沒有興趣跟一個叫金沢的保險業務員見面？他那邊有一些派得上用場的資訊，跟他見面不會有損失喔。**」再拜託客戶說「**請把這封信，用電子郵件寄給您要幫我介紹的人就可以了**」。

這個做法的效果非常好。

站在客戶的立場，不但不必花心思想打電話時該說什麼才好，當介紹對象回信說「可以見個面沒關係」時，也只要把我放進郵件副本名單，回覆對方「謝謝，我已經CC金沢了，之後兩位直接談吧」，介紹任務就此結束，可以**將客戶的心理負擔降到最低**。

再者，與其讓不是專業保險業務的客戶打電話說服對方，不如由專業人士的我擬定一封慣用句郵件，這麼做的「成功機率」還比較高。就像這樣，把聯繫工具從電話改成電子郵件，之後也可以利用LINE或Messenger等通訊平台的群組功能，逐步增加來自客戶的介紹案件。

凡事「感謝」能幫助自己建立「資產」

話雖如此，即使改用電子郵件聯絡，有些客戶嘴上說「可以幫忙介紹喔」，最後卻還是沒採取行動。

一開始，這種事真的讓我心情很不好。對業務而言，能不能拿到「介紹」跟今後能不能生存下去有關，所以我拚了命地想拿到介紹。一想到自己明明誠心誠意面對每位客戶，都這麼努力了，換來的卻是客戶草率的敷衍，我就覺得自己「被輕視了」。

但是，從某個時期起，我發現「就算這樣還是該感謝客戶」。

因為客戶原本就沒義務幫我介紹。**客戶非但沒有推辭，還多少配合了一點我的要求，其實真的應該感謝人家**。

所以，無論結果為何，我都會對每一位客戶說「不管有沒有幫我介紹，還是感謝您」。也會告訴他們「任何時候都可以，歡迎隨時再跟我說」。有時果然在半年後、一年後，客戶又會聯絡我說：「終於找到可以介紹給你的人了」。

從這樣的經驗中，我學到「這才是真正的累積資產」以及「業務員就是該這麼做」。

22 學會「討喜的厚臉皮」

「討喜的厚臉皮」正是業務員不可或缺的資質

業務員臉皮不厚就難以維生。

請客戶幫忙介紹新客戶，就是其中最厚臉皮的一件事。畢竟客戶根本沒有義務把親朋好友介紹給我們，我們做業務的卻非得拜託客戶「請幫我介紹」不可。就這層意義來說，厚臉皮也是當業務必備的資質。

只不過，光是厚臉皮當然不行。

說來理所當然，如果只是單純厚著臉皮要求人家「配合自己」的業務員，誰都不會想答理。可是，「這個業務員雖然厚臉皮，怎麼就是無法討厭他，不如就幫他這個忙吧」。業務員必備的，正是能讓人這樣想的「討喜」特質。

話說回來，難就難在這個「討喜」。

查字典看看，「討喜」的定義有「待人圓融，接觸時給人好感」、「笑咪咪的可愛模樣」、「雖然輕佻但讓人不討厭的表情、動作」……等等。

問題是，愈是想表現出字典裡形容的表情或動作，表現出來的樣子愈顯得做作不自然，有時甚至還會讓人「不愉快」。**刻意想討人喜歡，卻反而討人厭了。「討喜」就難在這裡**。

「討喜」來自思考法

那麼，「討喜」是天生的嗎？

的確，有些人天生「討喜」，這是不爭的事實。小學時，班上都有幾個活潑開朗，光

長時間維持好業績的業務員有什麼共通點？

也曾有過這樣的事。

有天早上，內人跟我說：「我今天有事要出門，車子留給我用好嗎？」我當時回答了「好啊」，準備出門時卻慌慌張張地完全忘了這件事，一如往常把車開走。

當然，過了一會兒我就接到內人「震怒」的LINE。這百分之百是我的錯，只能趕緊打電話向她賠罪。結果，內人卻輕鬆地回了一句「算了啦」。我問：「為什麼？妳沒車開很傷腦筋吧？我馬上幫妳弄租車，等一下喔。」

但是她卻這麼回答我：「沒關係啦，今天就算了。我想我今天最好不要開車出去，我要是開車出去，說不定會遇到車禍之類的事。不過，你以後也要注意一點喔。」

下班回家後，我為了早上的事再次道歉，內人只是臉上掛著跟平常一樣的微笑說：「都說沒關係了啊。」看到她這樣的反應，我也鬆了一口氣，兩人相視而笑，這件事就這樣圓滿落幕。

這就是內人的「思考法」。

我真的完全服了她。不管遇到什麼事，我從來沒看過她流於情緒化的一面。她從不曾責怪誰，也**總是能在身處的狀況中「找出好事」，往積極正面的方向解釋**。她思考的是如何讓每個人都開心，如何讓別人露出笑容或感到喜悅。這就是她一以貫之的「思考法」。

我認為這很重要。

秉持這種「對事物的解釋方式」和「思考法」，自然而然能帶給周遭的人笑容，自己也在眾人的笑容包圍下過得很開心。「討喜」的特質就是從這種思考法中誕生的吧。

實際上，那些不只有一時好成績，而是長年下來始終業績傲人的業務員，總是能自然地帶給眾人笑容。無論同事或客戶，大家都喜歡這樣的人。

正因**這樣的人總是在思考「如何讓大家都開心」，所以才會產生這個結果**吧？正因具備這樣的特質，就算提出稍微厚臉皮的要求，也會出現願意「幫你一把」的人。

23 別迎合客戶，要服務客戶

必須與客戶建立「對等」的信賴關係

「舔我的鞋子，就跟你投保一億日圓保單。」

要是有人這麼說，各位會怎麼做？

聽到「一億日圓」，相信沒有人會不心動。當然，我也超想賺到一億日圓。可是，不管在我面前堆多少錢，我絕對不要舔鞋子。這就是我的「鐵則」。

不過，我並不是否定「舔鞋子的人」。認為「舔鞋子」有必要，也能做到這一點的，一定是為了做出「成果」，認真面對自己工作的人。要是有誰輕蔑「舔鞋子的人」，我反而想提出反駁。

但是，我自己絕對不會舔鞋子。

這是因為，我追求的並非「眼前的業績」，而是腳踏實地累積「與客戶之間信賴關係」的資產。只要努力工作建立這樣的「資產」，總有一天會看到「成果」。上述**與客戶之間的信賴關係，應該要是一種彼此尊重的對等關係才對**。再怎麼想要「成果」，也不該去做「舔鞋子」這種事。所以，如果有客戶要求我這麼做，我會放棄和這位客戶往來。

舉個例子，有一次，我認識的一位有錢人想找我投保大型保單。這張保單的保費一年高達四千萬日圓，金額相當驚人。身為業務員的我，當然很想簽到這張保單。然而，簽約的事情還在商談過程時，某天這位客戶打了電話給我：

「我跟朋友在喝酒，你也馬上過來！」

當天我和其他客戶有約，無法馬上過去。於是，我對這位客戶說：「非常抱歉，我已經跟其他人有約了，現在無法馬上過去跟您見面。」那位客戶的反應卻是：

「**你是業務吧？不想要四千萬的保單了嗎？**」

絕對不是因為我人品清高，而是因為我往來客戶的「母數」壓倒性地多。正因如此，我才能堅信：「四千萬雖然可惜，只要努力工作一定能挽回」。

如果當時的我沒有確保那麼多的客戶「母數」，我一定會害怕放掉這「四千萬」，或許會被這魚餌「釣上鉤」。就這層意義來說，預先確保往來客戶的「母數」，也是業務員「強大」的原因。

別迎合，要提供服務

到目前為止，我像那樣「拒絕」了好幾次。

一開始需要勇氣，後來這類經驗累積得多了，也就漸漸習慣，不再看得太重。反而因為有了這些經驗後，身為業務員的「軸心」穩定下來，自信也提高了。

我都會這樣告訴自己。

別迎合客戶，要提供服務。

乍看之下，「迎合」和「服務」好像沒什麼不同，其實這兩件事乍看相似，實則大不相同。「迎合」是指「為了讓對方中意而討對方歡心」，「服務」是「為誰做某件能幫助對方的事」。對業務員來說，明確區分兩者差異是非常重要的事。

「迎合」的前提是上下關係。

客戶在「上」，業務員在「下」。為了討好居於上位的客戶，居於下位的業務員得「拋棄自我」。「拋棄自我」也包括在迎合的含意中。

的確，除了在沙漠中賣水給口渴的人之外，從事銷售工作的業務員立場總是比較薄弱。尤其是壽險，不同保險公司的壽險差別不大，像我們這樣的業務員立場更是強硬不起來。全日本約有一百二十萬個登錄在案的保險業務員，為了在這激烈的競爭中獲得客戶首肯簽約，為了讓客戶中意自己，忍不住「迎合」起客戶，這或許也是無可厚非的事。

然而，那麼做**只會降低業務員的價值**。

不是這樣的，業務員應該提供的是「服務」。用自己的頭腦徹底思考「對客戶有利的事是什麼」、「能幫助客戶的事是什麼」，然後提供只有自己能做到的服務。只要成為能提供這種服務的人，客戶就會認同「和金沢保持聯繫比較好」、「如果要買保險，就找金沢買」。

換句話說，**別為了「迎合」客戶捨棄自我，更重要的是為了「服務」而提昇自我**。透過自我磨練來提昇自我，提高身為業務員的價值，建立與客戶的對等關係，這才是我們真正的活路。

24 繫起「緣份」，就能拓展「緣份」

只要去做能為客戶實現「願望」的事就好

業務員的工作不是「迎合」客戶，而是提供「服務」。

為客戶提供只有自己才能提供的「服務」，只要成為這樣的人，客戶就會認同「和金沢保持聯繫比較好」、「如果要買保險就找金沢買」。為了成為這樣的業務員，業務員必須做的是磨練自我，提昇自我。

那麼，究竟該提供什麼樣的「服務」呢？

答案非常簡單。**當客戶有所期待時，為客戶實現願望，當客戶遇到困難時，為客戶解**

決問題，這樣就好。這就是「服務」，能做到這樣，任何客戶都會認同這位業務員，重視這位業務員的價值。

此外，在提供這樣的服務時，首先必須掌握「客戶期待什麼？想要什麼？」、「客戶為什麼感到困擾？遇到什麼問題？」

在此發揮重要作用的，就是平常與客戶見面時的種種溝通。客戶的人生經歷、家庭、工作、興趣……等等，必須在與客戶談論這些話題的過程中掌握「客戶有什麼願望？」和「客戶面臨什麼問題？」

只不過，這些都不能勉強去打探。

「您的願望是什麼？」、「您正對什麼感到困擾？」這麼直截了當地問，就顯得太刻意了。這麼做就像光腳踩進客戶內心，反而會招來客戶直接關上心門的後果。

與其大剌剌打探，業務員更該做的是對客戶開誠布公，坦言「自己想實現的夢想」和「自己遇到的問題」是什麼。只要客戶對自己說的內容有所共鳴，自然就會打開心房。而當業務真誠聆聽客戶說的話，客戶自然願意透露他的「願望」和「課題」。

「聯繫人與人」就是業務員最大的「服務」

知道客戶的「願望」和「課題」是什麼之後，接下來該怎麼做？

當然，業務本身如果能力夠，就貢獻自己的能力去幫客戶實現願望或解決問題即可。

可是，有時業務員一個人也是力量有限。

這時可以善加運用的，就是平時業務活動中培養出來的各種「人際關係」。**幫客戶介紹能實現他的「願望」或解決他「問題」的人就好了**。換句話說，「牽起人與人之間的聯繫」正是業務員的最大「服務」。

比方說，曾有這麼一件事。

在某位人物的介紹下，我認識了住在大阪的一位女性稅務會計師。和她聊了很多之後，得知她是高中棒球聯賽的狂熱球迷。這時，我腦中靈光一閃，心想，如果能把她介紹給我認識的棒球選手，她一定會很開心。

正好這時，一位大學時代就活躍於大學棒球聯賽的選手加入職業球團，找我商量「成為職棒選手後，想請金沢先生幫忙介紹會計師」。我心想，把那位女性稅務會計師介紹給這位職棒選手，豈不是皆大歡喜。

我的想法完全正中紅心。

女性稅務會計師說：「成為最愛的棒球選手、甚至還是職棒選手的顧問會計師，是我的夢想，我一定會全力支援這位選手！」，向我表達了最大限度的感謝。職棒選手有了會計師全力支援的承諾也備感安心，非常高興。

我剛好知道他們兩位的「夢想」與「課題」是什麼，由站在這個立場的我提供的服務，就是聯繫起這兩位，同時實現了他們的「夢想」也解決了「課題」。

繫起「緣份」自然就能拓展「緣份」

這件事還不是就此結束。

後來，那位女性稅務會計師又介紹我與她的弟弟見面。

這次的介紹，對我來說可是一大機會。因為稅務會計師老家是大阪一間老字號的公司，她的弟弟繼承家業成為社長，可能有投保大型保單的需求。

之後我和她弟弟見了面，對方真的向我投保了高額保險。我當上保險業務的第一年就拿下「日本第一」的業績，在這件事上，這張保單可說意義非凡，我自己當初也沒預料到會這樣（事情的前後經過，之後會再詳細介紹）。

像這樣的案例，日後我又經歷過好幾次。

為客戶實現「夢想」，解決「問題」。透過執行這樣的「服務」，就有可能讓客戶認同我們，認為「可以跟這個人買東西」。

想提供這樣的「服務」，必須善加運用平時業務活動中培養的「緣份」，「人與人之間的聯繫」乃不可或缺的條件。雖然有人不想把自己辛苦培養的「緣份」當作服務拱手讓人，但我認為這種想法是大錯特錯。

善用自己身邊的「緣份」幫誰實現「夢想」，解決「問題」，將會讓「緣份」拓展開來，廣結善緣。這就是我們所在世界的「法則」。

第5章

結果不是「做出」來，是自然而然「出現」的

25 腳踏實地努力的人贏得最後勝利

工作「要懂得要領」

「懂得要領」是工作必備的技能。

查查字典，「要領」的解釋是「順利推動事物進行的訣竅」。換句話說，要領也是「以盡可能少的勞力獲得更大成果的訣竅」。**「在工作上懂得要領」與「在工作上生產力高」幾乎是同義詞**，也是身為職場工作者應該追求的重要技能。

我算是「滿懂得要領」的人。

在TBS工作的時代已是如此。進公司後，我立刻被派去做AD（助理導播）。這份工作非常辛苦，在節目製作第一線上完全被當成「跑腿的」，別說下班回家了，經常忙得連睡覺時間都沒有。鞋子穿一星期都沒機會脫下來也是常有的事（現在已經有所改善，不再是這麼黑心的職場了）。

ＡＤ這份工作正可說是以體力取勝的工作。幸好我有一副美式足球隊鍛鍊出來的強健體魄，還算能夠元氣十足地應付這份工作。即使如此，不懂要領還是會很辛苦，於是我在工作時絞盡了腦汁。

舉例來說，因為ＡＤ在拍攝現場就是「跑腿的」，導播經常頤指氣使地對我們說「喂，去幫我買菸」。就算我拚命跑去買菸回來，還會被說「太慢了」。有時，才剛幫一個人買菸回來，另一個人又命令我去買菸。老實說，會覺得「這種工作誰做得下去」也很正常吧。

面對這種狀況，我想出的方法是記住導播抽的香菸品牌，一次買一打回來放在置物櫃。這麼一來，當他命令我買菸時，只要從置物櫃裡拿一包出來就好。不但輕鬆，還被導播稱讚「你挺有一套的嘛」。

給人留下「那傢伙很能幹」印象的訣竅是什麼？

我還花過這種心思。

節目快要正式錄影前，ＡＤ往往必須連日熬夜。

結果，愈認真工作的ＡＤ，因為每天「徹底熬夜」而筋疲力盡，到了最重要的正式錄影時反而「累到睡著了」。這是最不妙的事。平常工作再怎麼認真，正式錄影時派不上用場的人就什麼都別提。也無法獲得導播稱讚。

就這點來說，我就滿懂要領的。

「我去找素材！」這麼說完，我會跑去事前看中的幾個「補眠場地」，快速睡個十到十五分鐘。一天之中只要像這樣頻繁補眠幾次，就算每天熬夜，到正式錄影那天還是能保持體力。我因此大受上司及前輩重用，對我留下「這傢伙很能幹」的印象。

也因為受到上司及前輩的重視，後來我才得以調到電視台內的決策單位「編成部」。

其實當時我有點不滿。因為同一年進公司的同屆同事紛紛被提拔為導播，只有我一直停留在「主任助理導播」的位置上。後來我才知道，由我擔任主任助理導播的片場工作進行特別順利，上司和前輩都不想放我走。

可是，這反而是一件好事。包括編成部在內，主任助理導播和公司裡各部門都有密切聯繫，長年擔任主任助理導播的我，也和編成部的人關係良好。

於是，某次一位和我交情甚篤的前輩異動到編成部時，為我製造了一個和編成部長聚餐的機會，拚命向部長推薦我，就這樣成功把我帶到了編成部。

「腳踏實地努力的人」神明都看在眼裡

如上所述，我屬於「做事懂要領的人」，在職場上受到重用，也因此抓住了機會。所以，我認為反正都是要工作，比起不懂要領的作法，懂得要領還是比較好。

只不過，我也知道「懂要領」的做法有其極限。**到最後，贏得勝利的不是「懂要領的人」而是「腳踏實地努力的人」**。這是我從親身體驗中學到的教訓。

考大學也是這樣。

學生時代，我應該是個懂得「考試拿高分」要領的人。

基本上，上課時間我不太聽課，也幾乎不自己作筆記。考試前才找優秀的朋友，借來對方「整理得很好的筆記」影印，把重點一口氣裝進腦子裡。拜此之賜，我不用讀死書也能維持不錯的「好成績」。

準備考京都大學時，模擬考我都拿下「A判定」，所以從來不曾腳踏實地努力用功。結果就是應屆考的時候和第一年重考的時候都犯下離譜的失誤，最後沒能考上。真的是很丟臉……

相較之下，模擬考沒有拿到「A判定」的同學中，也有人順利考上京都大學。拿到一堆「A判定」，輕視大考的我卻落榜了，就算原本分數不夠，仍不放棄腳踏實地努力用功的同學則順利考上。這件事讓我知道「一切神明都看在眼中」。

光靠「好的要領」也未必會成功

還有另一件讓我刻骨銘心的事。

各位還記得前面介紹過我在京都大學美式足球隊的同學嗎？直到大四都是板凳球員，卻比誰都熱衷練習的那位同學。他身材矮小，跑步速度也不快。上天並未賜給他適合打美式足球選手的體能條件，但是，不枉費他持續的努力，終於在大四一場最重要的比賽裡成為正式球員，上球場大顯身手。

事實上，在那場重要比賽裡，我上場的機會非常少。

因為我在比賽前的集訓宿營中不小心受了傷，正式比賽時，我只能一直坐在板凳上看他打球。那場球他真的打得很好。身材明顯比周遭選手矮小，速度也沒有人家快的他，用彷彿「仙人」般的「預測力」彌補了這些缺點，在重要時刻準確做出擒抱攔截的動作。

我再次回想他對待美式足球的態度。

其他隊員結束練習後，只有他一個人反覆練習基本動作。不光只是如此——

就連假日他也會在社團辦公室裡反覆觀看競爭對手比賽時的錄影帶，進行徹底研究。

正因如此，他才能像「仙人」一樣準確「預測」對手球隊的動向，做出出乎對手意料的攻擊。「那傢伙真的太厲害……我完全輸給他了」我只能這麼想。

他對我說的話，也在我心頭盤旋不去。

面對受傷的我，他是這麼說的：

「你怎麼這麼不小心讓自己受傷了？要是我的體型和體能條件有你這麼好，表現一定完全不同。」

這話說得當然一點也不好聽，但我認為他是為了激勵我才這麼說。正如他所言，會在練習時受傷，就表示我沒有專心打球，內心深處有哪裡輕忽了。還有，他也對我說過「你天生體型和體能條件都好，要是能更紮實練習，一定會成為最棒的美式足球選手」、「別做糟蹋你天賦的事」等話。

這些話直擊我的心。

沒錯，和他比起來，我擁有更好的體型與體能條件。也就因為這樣，即使不像他那麼腳踏實地練習，還是學弟的我就能下場比賽了。可是，**儘管嘴上嚷著要「拿下日本第一」，我卻靠要領打混偷懶。這一點不但被水野教練看穿，也被他看透。最後就是我在重要比賽前受了傷，幾乎沒法下場比賽。**

拋棄短期KPI

光靠「懂得要領」，無法勝過「腳踏實地努力的人」——

我在成為業務員之後，一再想起這一點。工作時「懂得要領」固然重要，最重要的還是「腳踏實地努力」。為了做出日本第一的業績，一雪京大美式足球隊時代的前恥，我絕對不能忘記這一點。

我也問自己，對業務員而言，最重要的是什麼？

得出的「答案」是，無論如何都要多開發、多接觸客戶，也要認真面對每一位爭取到見面機會的客戶。用心思考眼前客戶的需求，仔細且誠實地進行工作。業務員要做的，就是腳踏實地努力做這些事。

所以，我拋棄了KPI。

剛當上業務員時，我給自己設下「一星期拿到三張新簽約保單」的KPI。現在我已經解除這種設定了。

說起來，當時為了達成這個KPI，我還犯下強迫後輩投保的錯誤。我是個軟弱的人，一旦感受到短期KPI的壓力，我或許又會犯下相同錯誤。比起追求KPI，我認為更該做的是誠懇面對每一位客戶，腳踏實地建立起與客戶間的信賴關係，累積「信賴資產」。

結果不是「做出」來，是自然而然「出現」的

當然，我並未捨棄「日本第一」的目標。

所以，我把保德信人壽過去的資料都找出來研究，大致掌握了曾經拿下「日本第一」的人的「業績數字」。從這個業績數字倒算回來，就能算出自己該接觸「多少」客戶，思考自己有沒有辦法達到這個數字。

這麼一來，**只要決定「一星期必須爭取和多少客戶見面的機會」，接下來就去執行即可。這不是KPI，是給自己的承諾**。承諾自己「要去做」，然後去實踐承諾。如此而已。腳踏實地，遵守自己給自己的承諾。這個習慣讓我成為無論如何都想遵守承諾的人。

剩下的，就是誠摯地面對眼前客戶了。

一封電子郵件，一通電話，一張提案書，一次見面……每一個細節都要站在客戶立場，絕對不能敷衍了事，仔細地做到完美。只要腳踏實地累積這樣的努力，我相信「結果」必定伴隨而來。

此外，我也極力不去注意與對手之間的競爭。每星期公司都會更新業績排名，這時我會確認自己與第一名的差距，但也會告訴自己，該做的不是「如何縮小差距」，只要思考「自己該做什麼」，如何「做正確的事」並且腳踏實地、孜孜不倦地完成就好，我不斷這樣告訴自己。

我認為，正因如此，我才能在加入保德信人壽的第一年就做出「日本第一」的業績。結果不是「做出來」的，而是自然而然「出現」的東西。堅信這一點，腳踏實地努力，我確信這是在業務員這份工作上最重要的事。

26 抓住「機會」的人的思考法

陷入危機時，正是考驗「思考法」的時候

危機就是轉機——

雖然是老生常談，但我認為這是真理。

陷入危機時，最糟糕的就是刻意不去看自己「陷入危機這件事」。第二糟糕的則是認為「已經不行了」而放棄。想生存下去，**最重要的「思考法」就是好好認清陷入危機的現實，從中找尋「轉機」**。

已經發生的事無法改變，但是如何解釋眼前的狀況則是每個人的自由。**在陷入危機時，是要任由自己被負面思考支配，還是要從中找出隱藏的轉機，選擇不同的做法，**

人生也會大不相同。

任何狀況下都能找到轉機，這是不爭的事實。

我從自己的親身體驗中學會了這一點。

比方說，父母事業失敗，宣告破產，使我不得不從讀到一半的早稻田大學退學。陷入這種狀況顯然是人生的一大危機，但換個角度思考，對我而言也未嘗不是一大轉機。要不是因為父母破產，我必須從早稻田大學退學，也不會有機會再次挑戰先前落榜兩次的京都大學。

不只如此，當時距離大考「只剩下兩個月」，這又是另外一個危機。正因如此，「無論如何都要考上京大」的我發揮腎上腺素的力量，死命用功讀書的結果，就是在第三次挑戰京大時順利上榜。

老實說，面臨危機的當下真的很痛苦。

可是，從這些經驗裡，我獲得了「危機就是轉機」、「任何狀況下都能找到轉機」的確信，這個信念成為現在我的強項。

當上業務員後，包括被解約在內，我經歷過大大小小各種危機。不、可以說每天都會遇上危機（真要說的話，人生就是一連串的危機……不、或許應該說由一連串危機組成的，才是人生）。

然而，無論被逼到何種狀況下，我都能相信「沒問題，一定有辦法」、「一定能將危機化解為轉機」。這樣的信念，對我有很大的幫助，讓我在連續遇上痛苦狀況時也不受挫，能夠一直保持努力到出現「成果」。

要是被「放鴿子」，就當賺到了多餘時間

話雖如此，遇上危機時我還是會沮喪。

這是人類自然的反應。所以，我也為這種時候的自己準備了幾句「心理喊話」。

陷入「有點難熬」的局面時，我就對自己說「事情變得很有趣了嘛」、「好啊，放馬

過來」或「正合我意啦」。這麼一來，就能斬斷開始朝負面傾斜的「思考」，切換為從自己身處狀況中找尋「積極材料」的思考模式。

比方說，曾有這麼一件事。

那是被要求解約，身為業務員的我感覺撞上一堵牆的時期。當時我的業績「節節敗退」，爭取到願意見面的客戶就欣喜若狂，爭取不到就憂心沮喪，總之整天都拚了命地到處跑業務。

在那之中的某天，我為了去和一位剛出社會第二年的金融業人士見面，從市中心的辦公室出發，前往位於橫濱高級飯店中的咖啡廳。約定時間是晚上八點半，沒想到，我剛到位子上坐下，點了一杯咖啡時，手機就響了。

「不好意思，我臨時有個聚餐，今天的約定請先取消好嗎？」

我被「臨時放鴿子」了。

對業務員來說非常重要的見面機會，對客戶而言只是無關緊要的小事。所以，必須先做好可能被放鴿子的心理準備才行。我經常這麼告訴自己，即使如此，每次被「臨時放鴿子」，我還是會很失望。

更別說對方是個剛踏入社會第二年的年輕人，而且我專程從市中心趕來遙遠的橫濱，還剛點了一杯超過一千日圓的咖啡……老實說，我很火大。可是，再怎麼火大，也無法改變「被放鴿子了」的現實。所以，我發出聲音對自己說「挺有意思的嘛」。

哪裡有意思？

一這麼自問，腦中就浮現這樣的念頭——「**幸好對方放了我鴿子，我才多出這段時間。把這段時間送給自己當禮物吧**」。

於是，接下來我悠哉打開Facebook瀏覽，正好看到朋友貼文說在吉祥寺某間知名燒肉店用餐。我心想「就是這個啦！」

那位朋友和他的一些朋友一起聚餐，如果我也能和那些朋友打好關係，對工作或許有幫助。再加上那間店，也是我一直想去的名店，我立刻衝出咖啡廳，花九十分鐘趕往那間店（到的時候已經超過晚上十點）。

做「不普通的事」，引起對方興趣

這麼做是對的。

朋友介紹我認識那間店的老闆，對方很欣賞我。

「你怎麼會來？」

「不是啦，我在橫濱被客戶放鴿子，所以就來了。」

「從橫濱跑過來？真有意思耶，你這個人。」

說得也是。雖然我自己有一半是抱著自暴自棄的心情跑來這間店，仔細想想，一般人就算被放鴿子，也不會花九十分鐘從橫濱跑到吉祥寺的燒肉店。不過，正因做出這種「有點不普通的事」，才讓別人對我這個人感興趣了起來。

「聽你說的是關西腔吧？我也是大阪人，你是哪裡人？」

「我家在大阪的生野區。」

「什麼嘛，離我家很近啊！」

就這樣，那位老闆對我多所關照，還說「下次再來吃飯啊，直接找我預約就好」。這間店很難預約，經常客滿，就算想來也不是隨時可以進得來。沒想到，我竟然直接獲得老闆給我的「入店特權」。

這種時候，我就老老實實地馬上再度光顧。

被知名店家認可為「常客」的訣竅，就是在一段時間中頻繁光顧。所以，我每星期都帶朋友去那間店用餐。成為「常客」，和老闆愈來愈熟後，除了老闆自己跟我買了保險，還接二連三介紹其他常客給我。

而且，只要說要帶朋友去這間大家都預約不到的名店，就能擁有跟平常很難見到的人見面聚餐的機會。於是，我以這間搶手的名店為舞台，在這裡廣結了許多善緣。

光是沮喪
也不會「有好事發生」

於是有一次，我發現一件事。

「能像這樣成為名店常客，還能在那裡和許多人廣結善緣，追根究底，都要感謝那次在橫濱『被放鴿子』的事……」

被「放鴿子」的瞬間既失望又火大。畢竟當時業績已經處在「節節敗退」的窘境了，又被放鴿子，難免產生「我果然沒用……」的念頭。

然而，如果只是當場一蹶不振，或是喝酒自暴自棄，也不會成就任何事。一邊說著「挺有意思的嘛」，一邊轉換思考，把「被放鴿子」重新解釋為「多出了時間」，正因如此，我才能獲得後面的許多善緣。

就像這樣，即使陷入惡劣狀況，只要能把它視為機會，好好掌握，採取某些行動，就有可能產生完全不同的「結果」。

當然，多數時候或許什麼事都不會發生。但是如果完全不採取行動，那就絕對不可能發生任何事。既然如此，愈是遇到危機，愈要積極行動。因為誰也不知道，轉機會落在什麼地方……

我至今累積了許多這樣的成功體驗。

所以，我認為自己「運氣不錯」。

京大二度落榜和老家破產的事，我都打從心底認為「我運氣不錯嘛」。無論當時多麼痛苦，現在回想起來，沒有經歷這些事就沒有現在的我。

如果我第一年就應屆考上京都大學，說不定會從此輕視人生，之後狠狠跌跤吃苦頭。

再者，正因我落榜不只一次而是兩次，所以才有機會察覺更重要的事。這麼一想，落榜兩次倒是幸運了。

在險惡狀況中找「機會」的人能掌握好運

心理專家DaiGo跟我交情不錯，他曾告訴過我一個有趣的心理實驗。

設定一個「錢掉在路上」跟「女明星在咖啡店裡」的情境，再觀察「認為自己運氣好」的一組人與「認為自己運氣不好」的另一組人反應。

結果發生什麼事了？

「認為自己運氣好」的這組成員不但發現路上的錢，走進咖啡店還一眼就看見女明星。這時他們的想法是「我們運氣果然超好！」另一方面，「認為自己運氣不好」的這組成員既沒發現路上掉了錢，也沒注意到咖啡店裡的女明星，他們只是從錢旁邊走過，進店裡點了杯茶喝而已……

聽了這件事，我毫不懷疑為何會有這種結果。

無論是「認為自己運氣好」的人還是「認為自己運氣不好」的人，兩者身處的是相同環境。路上都掉了錢，咖啡店裡也都有女明星。不同的只在「有沒有察覺」而已。

換句話說，**會去「找看看有沒有什麼好事」的人就能發現機會，進而認為「自己運氣好」。又正因為「認為自己運氣好」，才會想要去「找看看有沒有什麼好事」**。世上有一部分的人，就這樣成功掌握了機會。我也希望自己能過這樣的人生。

27 相信「0.00001%」的可能性

日本有一億兩千萬人，對業務員來說形同「無限機會」

直到現在，有一幕還深深烙印在我心底。

那是我剛「出道」，還是個菜鳥業務時的事。有一天，我走在熱鬧的澀谷街頭。一位客戶打來了電話，我慌忙接起手機，對方打來卻是為了「拒絕」。因為是只差一步就要在保單上簽約的客戶，我格外失望，眼前忽然一片漆黑。

站在熱鬧的街頭正中央，身邊是熙來攘往的人群，卻彷彿只有我一個人被「全世界」阻絕在外似的，漸漸聽不到身旁的聲音。在這樣的孤獨感受中，眼前看到的那一幕，至今仍烙印眼底。

不過，我之所以難忘這一幕，並非只因大受打擊。倒不如說，那時凝望身邊川流不息的人群，我赫然發現的一件事，在自己心中留下了強烈的印象。

「看看眼前，世界上有這麼多人啊。光是日本就有一億兩千萬人，必要時只要去一個一個去接觸大家就好，現在哪是在這裡沮喪的時候。」

那一瞬間，為了不讓自己繼續沮喪下去，我硬是找出「積極向上的材料」，才會這麼告訴自己。

不過，現在回想起來，我認為這個念頭堪稱「真理」。銷售業務員從來不必為工作發愁，因為世界上有幾十億人生活著，只要一個一個去接觸，絕對能找到活路。

一定要遞「名片」給計程車司機

從那之後，只要有希望發展成業務，無論多陌生的對象，我也會去向對方開口搭訕。

比如說，計程車司機。搭計程車時，我一定會把名片遞給司機，同時以稍微誇大的方式講述自己如何從TBS離職，轉而從事保險業務的原因，以及為了成為「日本第一」而奮鬥的心路歷程。

為什麼要這麼做呢？這是因為，**在我之後搭上計程車的可能是有錢的乘客，這位乘客剛好跟司機先生聊起「正在為遺產繼承的事傷腦筋，聽說投保保險也是個方法？」的可能性不是0%**。這種時候，只要司機先生對這位乘客說「這麼說來，剛才有位當保險業務的乘客留下了名片喔。那是一位看起來很有活力的業務員，或許值得信賴」，說不定就能連結到我的工作。

或者，在路上看到孕婦時，我也一定會開口搭訕。

孩子即將誕生之際，往往是夫妻倆考慮投保壽險的最好時機。所以，我會在不失禮的情況下做好充分的顧慮，再去向對方搭訕，一邊說著「有需要的話，請務必與我聯絡」，一邊遞上名片。

我在餐飲店上也花了一番心思。

基本上，我不會去連鎖餐飲店消費，一定會找老闆或店主親自顧店的地方，短期內光顧好幾次。而且，我一定會找機會跟老闆攀談，將名片交給對方。只要能和老闆混熟，常客中有人想投保時，老闆或許就會想起我這個人，把我介紹給人家。

這一定要是老闆親自顧店的地方才能達成的事，所以，反正都是要花時間吃吃喝喝，與其選擇連鎖店，不如找間能直接接觸到老闆的店。就像這樣，我會在日常生活的各種場合提醒自己，行動之前先「找尋發展成業務的可能性」。

正因「焦慮不安」才能持續主動進擊

我還常做另外一件事。

跟客戶約在咖啡店見面時，經常遇到隔壁桌也有同行在向客戶推銷的情形。

這種時候，我無論如何都會「豎起耳朵」。有時這麼一聽之下，會發現那位同行正在強迫推銷客戶買下條件不利的保險。

遇到這種事時，我實在無法裝作不知情。明知會被當成可疑人士，等那桌談完了，同行的業務員先行離開後，我總會說聲「不好意思」，再將自己的名片交給對方那位客戶，詳細說明為何不該買下剛才業務員推銷的保險，最後告知「如果有任何需要，都歡迎與我聯絡」。

話說回來，即使像這樣到處發名片，幾乎很少因此獲得新的業績。大部分跟我投保的客戶，還是來自現有客戶的介紹，這點依然不變。

可是，為了拓展那僅有的一點可能性，我始終相信這麼積極主動出擊有其意義，直到今天都還繼續執行。說不定，**我的深層心理其實非常焦慮不安，所以才會緊抓住那麼一點可能性。即使如此也無妨，我還是打算繼續這麼做下去**。

實際上曾發生過這麼一件事。

那是我在一間大型廣告公司二樓附設的咖啡廳結束與客戶的商談，正在整理保單計劃書等資料的時候。

隔壁桌應該正好是那間廣告公司的高層董事，和看似稅務會計師的人在開會。我一如往常「豎起耳朵」，聽到會計師對高層董事說：「○○先生也差不多該投保作為遺產繼承對策的壽險了。」

雖然我的腦中出現「遞上名片或許會被討厭……」的雜念，但是遞上名片或不遞上名片，等於在將來能否拓展機會的兩條路中選一條路走。所以，我還是打個招呼，遞上了名片。當然，兩位都露出受打擾的表情，一副想打發我走的樣子。我還是笑著說「有需要的話，歡迎隨時與我聯絡」，馬上退下了。

等我離開咖啡店，走在路上時。

手機響起，接起來一聽，打電話來的，是前幾天剛把一張保單交付給我的客戶。不只如此，對方還說：「有個人想介紹給金沢先生，是一位開業醫師……」我高興得差點跳起來。瞬間，我這麼想——

因為剛才遞出了名片，老天看到我拚命努力的樣子。決定給我這個嘉獎……我沒有任何宗教信仰，但是，當時還是自然而然這麼想了，相信自己做的一切都有意義。

不需要理由。**就算只有0.00001%的可能性，我還是會拚了老命採取行動。只要這麼持續腳踏實地努力，「好事」就會以某種形式造訪。若能堅信這一點，無論遇到多麼不順利的狀況，還是能積極向前**。

說起來，銷售自己相信的商品又不是做壞事。

我推銷的保險是「無形」商品，所以幾乎所有人都不太理解這種商品。把關於商品的正確知識和資訊傳達給大家，這絕對不是一件壞事。既然如此，那就沒什麼好退縮，光明正大做自己該做的事就對了。

即使厚臉皮，也要向前踏出一步。即使只多一個人知道，也要把自己相信的商品介紹給更多客戶。持續付出這樣的努力，機會總有一天會降臨在業務員身上。

28 創造強制自己行動的「強制力」

不只依賴「意志力」，還要創造強迫自己動起來的「強制力」

「做還是不做？哪個能更接近日本第一？」

我經常問自己這個「二者擇一」的選擇題。

工作和人生都是一連串「做與不做」的選擇，每一個當下做出了什麼樣的選擇，後面導致的「結果」很可能出現天壤之別。

而我是個「軟弱的人」，我知道自己如果放著不管，很容易就會「下意識往輕鬆的方向逃避」。所以，故意給自己設下二選一的選擇題，就是為了「擋住」往輕鬆方向逃避的自己。

「雖然很累，要不要再多發一封電子郵件？」

「要不要再做一份給客戶的提案書？」

「還很想睡覺，但是要不要起床？」

「明天要早起，現在要喝酒還是不要喝？」

我像這樣自問自答過幾千幾百次。雖然有時還是會選擇逃向輕鬆的一方，多數時候能夠站穩腳步堅持下去，都是因為知道自己天性軟弱，逼自己「二者擇一」的結果。

然而，光靠「自己的意志力」仍有其極限。

陷入工作不順利的窘境時，「危機意識」會成為鼓舞自己的動力引擎，但是，當工作上了軌道，就是特別危險的時候。縱容自己「今天就算了」，業績將會很快呈現「下降趨勢」。不由得感嘆「人類真的很軟弱」。

所以，我**想辦法讓自己盡量不要「光靠意志力」**。正因對自己「意志不堅定」有所自覺，才會刻意設下強制自己「做出更好行動」的機制。

發表「宣言」，就無法做出推翻宣言的行動

在公司過夜就是一個強制機制。

家裡住起來舒服，回家立刻就會進入「怠惰模式」。更何況，家裡還有心愛的妻子和可愛的孩子們。一陪家人開心玩起來，要再重回「工作模式」就痛苦了。

結果演變成工作做到一半丟下，和家人在一起時腦中卻又拋不開「工作沒完成的焦慮」。兩邊都無法做到盡善盡美。

因此，我才刻意做出自己「平日要在公司過夜」的宣言。

一旦對妻子和自己隸屬分公司的同事及客戶都這麼宣布了，我就不能再厚著臉皮回家。老實說，我也好想家，好幾次都想過「今天不如回家了吧……」可是，要是真的這麼做就太丟臉了。只好強迫自己繼續在公司過夜，努力工作。

不只如此，我在公司睡覺時，還故意不鋪墊被。因為，如果睡得太舒服，隔天早上起來反而痛苦。

當時的我，每天差不多晚上十點回到公司，為隔天的工作做準備，一直做到半夜。接著，到公司附近的複合式澡堂洗一個三溫暖，充分出汗後回到公司用睡袋睡覺。每晚入睡時，都已經是深夜兩、三點的事。

即使如此，隔天早上六、七點就起來，等同事到公司時，我已經做完一輪工作，準備外出見客戶了。試想，如果前晚睡得太舒服，要在這時間起床是不可能的事。所以我故意不鋪墊被，強迫自己起床。

只不過，週末回家時，我會在週六或週日中挑一天特地睡上七小時。平常睡眠時間壓到最低，盡可能努力工作。這樣的生活之所以撐得下去，就是因為**給自己準備了「只要努力五天就能好好睡一天」的「小小嘉獎」**。

做好見面約定，就不得不強迫自己行動

提早幾星期與客戶約定見面時間，把行事曆手冊預先填滿，也是為了發揮這樣的「強制力」。

做起工作來，難免有狀況好和不好的時候。提不起勁的時候，往往忍不住就拖拖拉拉，毫無進展。可是，只要事先和客戶敲定見面時間，再怎麼沒勁也不能推托。因為和客戶見面前，一定得做好各種準備。

於是，就算提不起勁，為了去和客戶見面還是得動起來，做著做著，心情也會轉變為積極向前，還會遇上「好事」。**擺脫瓶頸最好的特效藥，就是「動起來」**。

為此，必須「強迫」自己行動。做法就是提早填滿好幾星期的行事曆。**這是我給「未來那個沒用的自己」準備的「愛的鞭策」**。

話雖如此，我每年都會在參加公司表揚典禮後，給自己放一星期左右的假，一年兩次，利用假期帶家人出國旅遊。不過，每次假期的尾聲，也一定會安排回國當天與客戶見面的約定。

這麼做除了可以強制矯正時差外，還能一口氣切換回「工作模式」。我很了解自己，一旦放超過一星期假還出國，我一定會給自己找各種藉口逃避，不肯立刻轉換回工作模式。所以，我給自己設下的機關，就是「先跟客戶約定收假當天見面，回到家沖個澡就立刻出門見客戶」。這麼一來，即可強迫自己迅速回到「工作模式」。

這麼做還有另一個好處。這天見到我的客戶都會驚訝地說：「咦？你今天才剛從國外旅行回來嗎？怎麼這麼快就開始工作了？」正好製造了一個聊天的話題。

強制「戒酒」的方法

從某天起，晚上的聚餐我都會開車去赴約。

這也是為了發揮「強制力」的作用。原本我是個喜歡喝酒聚會的人，要是沒人勸阻，我可以滿不在乎喝到天亮，一個晚上續攤好幾次。不過，喝到天亮還是很累人。

問題是，對隔天早上第一個和我碰面的客戶來說，我有沒有喝酒、會不會累都不關人家的事。所以，我決定戒酒。因為我深知自己會拿喝酒來當成不為隔天的工作做準備的藉口。

此外，我還會開車去聚餐。

在這之前，即使堅定發誓「今天不喝」，最後還是會演變成「喝一杯就好」或「只喝兩杯沒關係」甚至是「今天就算了」。不過，要是自己開車去，再怎麼想喝酒都不能喝了。

而且，以前同席的人勸酒，說「喝一杯有什麼關係」時，我都難以拒絕只好喝了，現在只要說「我要開車不能喝酒」，就沒有人會再繼續勸酒。

簡單來說，**喝酒時「自己的意志力」是完全不能信任的東西，只好利用攝取酒精就會違法的「強制力」**。我就這樣成功戒酒，工作表現更加提昇。

人是意志力薄弱的生物。

所以，我要自己不能過度依賴「自己的意志力」。與其這麼做，不如提醒自己設下強制行動的「機關」。

29 「奇蹟」是準備來的東西

想改變「業務方式」，必須先經過一段「忍耐期」

我相信「奇蹟會發生」。

這是因為，我就實際體驗過「奇蹟」。

加入保德信人壽，第一年就成為三千兩百位保險業務員中的業績「日本第一」，這種事不管看在誰眼中都只能說是「奇蹟」。儘管我為了成為「日本第一」，努力追趕，始終無法縮短和業績第一的同事之間的差距。一直到將近年度末時，**發生了各種奇蹟，我才得以大幅逆轉成功**。

大致回顧一下我加入保德信人壽的第一個年度吧。

進公司是二〇一二年一月。結束為期一個月的研習，我投入實際業務工作，透過將接洽客戶的「母數」最大化，剛開始的兩、三個月留下還不錯的成績。

然而，在三月十六日的新年度開始之後不久，「一心想賣」的心理帶來明顯弊端。當時我的業務對象多半是認識的人，這些人開始批判我的推銷手法，進入五月之後，終於發生後輩提出解約的事件，我也在此嚴重受挫。

之後的兩、三個月，業績陷入「節節敗退」慘況，我開始拋棄「一心想賣」的推銷型態，在不斷嘗試與錯誤中修正，轉換為累積名為「信賴」資產的銷售方式。接著，八月長子出生，刺激我下定決心成為「日本第一」。此外，那位我對他說「已經買了一張很好的保單，不跟我買也沒關係」的客戶，也介紹了新的客戶給我，讓我知道自己「不推銷」的業務手法是對的，狀況開始逐漸好轉。

話雖如此，這個時期還是過得很苦。

這是因為，剛轉換為「不推銷」的業務型態時，「眼前的業績」始終不見起色。但是，要是我在這時急著「想賣掉東西」而重拾原本的業務型態，那不就前功盡棄了嗎？所以，九到十一月這段時間，我拚命忍住著急的心情，告訴自己只要專注累積客戶對我的「信任」就好，對此更是全力以赴。

「再拚一次」會帶來意想不到的「奇蹟」

開始出現變化，是進入十二月之後的事。

在那之前對我付出「信賴」的客戶，介紹愈來愈多的案子。這個趨勢從過完年後發展得更快，「眼前的業績」不斷攀升。

從二月中旬左右開始，我姑且停止開發新客戶，為了在年度末前將「業績」拓展到最大，好讓自己成為「日本第一」，我決定專心服務已經進入商談階段的客戶。

然而，當時公司第一名的業務員業績，遠遠甩開第二名之後的人，說老實話，我想成為第一非常不容易。每星期確認業績排名及每個人的業績資料時，我都為自己和第一名的差距感到沮喪。**但我仍不斷告訴自己「不要把注意力放在競爭，只要為眼前客戶利益全力以赴」**，腳踏實地，細心盡責地思考手頭每一位客戶的事。

如此一來，二月底左右，一件只能說是「奇蹟」的事發生了。

大家還記得我家長子剛出生那陣子，人在輕井澤渡假的我鑽進車內打行銷電話的事嗎？那時，我決定「沒有爭取到十個願意見面的客戶就不停手」，花了好幾小時終於達標後，又要求自己「再多爭取一個人」。

就是這時，我鼓起勇氣打給一位這之前一直沒能聯絡的對象。他是我還在電視台工作時認識的一位經營者，向他報告離職的事時，他還曾難過地說：「原本想跟身為電視台員工的金沢先生一起做些有趣的事，真是太可惜了。」**正因有這樣的往事，我一直迴避厚臉皮打推銷保險的電話給他**。

可是，這位經營者卻很歡迎我打來的電話。

不但馬上跟我約了時間碰面，一見面還跟我投保，說是「紅包」。不只如此，過完年後，他更聯絡我說：「內人想投保關於遺產繼承的保險，請你跟她討論看看。」

經營者投保繼承相關保險時的保額都很高，這件事已經是個「奇蹟」，我聽到時，還瞬間懷疑自己是不是聽錯了呢。我也很快與經營者的夫人見面，三月上旬就獲得她的投保，朝「日本第一」大大向前邁進一步。

客戶的「生日」招來了「奇蹟」

還有這麼一件事。

二月，我透過介紹認識了一位女性經營者，這位女老闆聽我說「要成為保德信人壽日本第一的業務員」，非常欣賞我，立刻約定了第二次見面的時間。

然而，由於這位客戶很忙碌，第二次見面只能撥冗十五分鐘。她要求我在這十五分鐘內做完提案簡報，可是實際見面時，她一個人就講了超過十五分鐘。我在心中大大嘆了一口氣，客戶對我說：「不好意思，你再來一次好嗎？」

問題是，她跟我約第三次見面的日期是三月的第三個星期。保德信人壽計算年度成績的期限是三月十五日前簽訂的保單。三月第三個星期再見面就來不及了。沒想到，正當我心想「也沒辦法……」準備放棄時，忽然注意到這位經營者的生日。

這又是另一個「奇蹟」。

為什麼我這麼說呢？因為，**她的生日竟然是三月十四日**。生日過後保費就會提高，我把這件事告訴她，她就說：「這樣啊，那可傷腦筋了。不然，你改成這天來？」就這樣，她把三月十三日早上的時間撥給了我，而我也順利拿到高額保單的合約。

一件契約改變了「命運」

最後的關鍵，發生在「年度最終日」的三月十五日。

就在那之前，以前我介紹棒球選手的那位女性稅務會計師打了一通電話給我。這位會計師的老家是大阪一間老字號公司，她的弟弟繼承家業，成為這間公司的社長。她說希望我跟她弟弟見個面。

我當然立刻飛去大阪和這位社長見面。他說：「我還沒投保，請幫我設計適合的保險組合。」後來，我們藉由通電話和電子郵件，慢慢擬定了適合他的保單內容，只是究竟趕不趕得上三月十五日的期限就很難說了。

就在那時，這位社長聯絡我，說他**三月十五日要來東京出差**。一問才知道，他搭的新幹線十二點多抵達東京。保德信人壽的截止時間是當天下午兩點。於是我拜託他：「我會在新橫濱站搭上那班新幹線，請您在車內做保單合約內容的最後確認好嗎？」結果他說，在新幹線車廂裡也太為難了，決定在東京車站撥點時間給我。於是，我們約在東京車站裡嘈雜的麵包店一角，由我再次說明了合約內容。我隸屬的分公司所長在店外等待，每簽完一份合約就帶回公司，總算趕在下午兩點前簽完所有合約。

後來我才知道，要是這份合約沒趕上兩點前送件，我就是那年的第二名了。一直保持領先的業務同仁也為了不被超越，年度末拚命地追加業績，所以我真的是險勝。如果那天稅務會計師的弟弟沒有搭三月十五日十二點抵達東京這班新幹線，那我就註定以第二名告終了。這正可說是「奇蹟」。

若不先在天上放好禮物，就絕對不可能「從天上掉下禮物」

這可能只是剛好「從天上掉下的禮物」？

也許會有人這麼想吧。若說我是碰巧接二連三運氣好才成為「日本第一」，那我也無話可說，真的是這樣沒錯。

可是，光是躺在那邊，天上也不會掉下禮物。要不是先有誰在「天上」放了「禮物」，「禮物」絕對不會掉下來。再者，如果沒有放上大量「禮物」，那也不會接二連三掉下來。換句話說，**只有先拚命努力往「天上」放好「禮物」，才有可能出現這樣的「奇蹟」……**

而我一直以來，正是這樣不斷努力著。

腳踏實地，孜孜不倦地增加願意「信賴我這個人」的客戶。不去追求「眼前的業績」，而是與客戶建立「想買保險就找金沢」、「如果親朋好友想投保，就介紹給金沢」的信賴關係。為此，我珍惜著每一天的工作和每一位願意與我見面的客戶。

此外，銷售業務靠的是「機率論」。

只要願意信任「我這個人」的客戶「母數」增加，來聯絡我說「想買保險」、「想介紹朋友跟你買保險」的案件數量也一定會跟著增加。

所以，奇蹟才會發生在我身上。因為腳踏實地累積來自客戶「信任」的「資產」，「奇蹟」才會自動發生。**「奇蹟」不是求來的，是自己準備好的。**

第6章 巧妙運用「影響力」

30 從「放手」開拓新的可能性

成為「日本第一」
更要「胼手胝足」匍匐前進

加入公司第一年就拿下「日本第一」的我，心情其實很焦急。

當然，公司頒給了我「德萊頓獎」，讓我有幸在眾多優秀業務員面前獲頒獎項及發表演說，周圍的人也都給我祝福，這讓我非常開心。可是與此同時，我也感受到很大的壓力。一想到要是下個年度沒能做出好業績，成為「一閃即逝」的流星，我就害怕得想吐。

而且，眼前的狀況實在不妙。

因為我從二月開始全面停止開發新客戶，進入新年度後，等於手上完全沒有「有望簽約」的客戶名單。換句話說，我必須從頭開始累積「母數」才行（事實上，後來的四到五月，業績確實急遽下降）。

所以，我決定繼續「睡袋生活」。

或許有人會說「都已經拿下日本第一了，也該夠了吧？」但是我認為，正因拿下日本第一，所以才要繼續。**拿到「日本第一」後，萬一受到周遭逢迎諂媚就又高傲起來，淪落到那個地步是最難看的**。我認為即使已經成為「日本第一」依然胼手胝足，匍匐前進，才是「帥氣的生存之道」。

美式足球名將傳授，讓「弱者」獲勝的最強戰術是？

支撐我這個想法的，是京都大學美式足球隊名將水野彌一教練的教誨。

前面也已提過，水野教練的指導非常嚴格。就算只是一次的練習，他也絕對不允許我們不帶壓力輕鬆打球。他徹底要求我們，練習時也一定要打到滿身泥巴，在地上翻滾爬行，承受超越正式比賽的壓力。

當時，這讓我痛苦得不得了。

然而，為了讓京都大學美式足球隊贏得球賽，這是非常符合邏輯的訓練。競爭對手的校隊「美式足球精英選手」雲集，原本只懂用功唸書的京大美式足球隊要和這樣的對手比賽，不可能靠輕鬆的花拳繡腿取勝。所以，輕鬆打球的花拳繡腿式訓練一點意義都沒有。

那麼，身為「弱者」的京大有什麼獲勝方法？

只能咬緊擁有優秀體能與技術的「精英選手」，使他們施展不出漂亮的球技。接著，**將他們拉下滿是泥濘的球場死纏爛打。只有當這個戰術成功時，京大美式足球隊才有希望獲勝**。這就是水野教練要求我們打到滿身泥，在地上翻滾爬行，承受超越正式比賽壓力的原因。

我在成為保險業務員之後，深深理解自己的力量有多渺小。就算成為保德信人壽的

「日本第一」，也改變不了我力量渺小的事實。

既然如此，身為「弱者」的我為了抓住成功的機會，只能「胼手胝足」匍匐前進地工作了。這正是水野教練灌輸給我的「弱者戰術」。

因此，進入公司第二年之後，我決定依然保持「睡袋生活」。和第一年一樣，不管怎樣都要增加接觸客戶的「母數」，同時不去追求「眼前的業績」，腳踏實地累積每一位客戶對我的「信任資產」（當然，工作的方法不斷改善進化，只是做的基本上都是一樣的事）。

結果就是，第二年也以個人保險前年度業績為基準，拿下日本第一的業績。第三年我依然過著「睡袋生活」，達成一流壽險理財專業人士最高組織「百萬圓桌協會MDRT（Million Dollar Round Table）」六倍基準的「Top of the table（TOT）」。在日本壽險業務員登錄者約一百二十萬人當中，每年只有六十人左右能獲得這個資格。能夠通過這道「窄門」，對我而言真是非常光榮的事。

介紹要「從上往下」

不過，第三年結束後我這麼想。

繼續這種工作方式，一定能夠持續拿出「成果」。我已經有這樣的自信。只是，這並非能夠持續一輩子的工作方式。保險業務不是一份能請助理幫忙的工作，白天四處奔走，和客戶見面，晚上回到公司處理行政事務或製作資料到半夜，最後裹著睡袋睡覺。這樣的生活、這樣的戰鬥方式，不可能一輩子持續下去……我這麼想。

於是，我決定改變戰術。

我先觀察「不像我這樣工作得像個笨蛋，仍能持續產出業績的業務，究竟都做了些什麼？」，答案非常簡單。

一言以蔽之，他們瞄準的都是「高單價的客戶」。做保險業務這行，比起拿到一百件小型保單合約，有時只拿到一張超大型保單合約的「業績」更好。所以，他們多半會去爭取「法人案件」或「遺產繼承相關案件」，開發客戶時，也以富裕階層為主。

不只如此，**堪稱保險業務「命脈」的「介紹」，他們也會依循「由上往下」的原則**。比方說，只要能獲得經營者的信賴，經營者就會介紹手下的高階幹部給保險專員，獲得高階幹部的信賴後，高階幹部也會介紹自己手下的部長，部長再介紹課長，課長再介紹一般員工。

換句話說，**只要獲得影響力大的人物「信賴」，業務員就能「借用」對方的影響力，拓展更多客戶**。

在那之前，我從來沒想過這件事，只專注於珍惜眼前的「緣份」。為了對抗「只以富裕階層為業務對象」的競爭對手，我理所當然以為自己只能犧牲睡眠時間，增加客戶「母數」。

這時，我開始考慮自己也該採用跟他們一樣的戰術，轉型開發以經營者為首的「富裕階級」。

當然，只要是有緣相識的客戶，就算「單價」不高，我都會像之前一樣誠心誠意對待。只是，以這類客戶為對象的網路保險服務已經普及，全佣金制的我也沒有必要積極爭取這樣的客戶。我轉換想法，決定今後集中開發「富裕階層」的客戶。

一直捏著拳頭會抓不到「新的東西」

但是，我完全不知道該怎麼做。

在那之前，只是「剛好人家介紹給我的客戶是社長」，我從不曾靠自己的力量接觸到「富裕階層」。真要說的話，我連去哪裡才會遇到社長都不知道。

但我知道，現在的戰術無法長久持續。

非得想辦法找出新的戰術不可。

這麼一想，我決定先放棄「睡袋生活」。

「睡袋生活」固然辛苦，反過來說，卻也是我的「安心來源」。靠這個「睡袋生活」，我才能完成最大限度的工作，培養出「絕對做得出成果」的自信。所以，要放棄這種生活，對我來說還滿可怕的。

不過，從過往的人生中，我已經學到「放手」的重要性。

比方說，父母事業失敗，宣告破產時，我就放棄了開心的早稻田大學生活。那時幸運地擁有很好的人際關係，老實說，放手讓我很痛苦。可是，正因勇於放手，我才能以「考不上京大就要去工作」的現實來激勵自己，終於成功考上京大。

辭去ＴＢＳ工作，加入保德信人壽保險公司時也是如此。如果沒有放掉ＴＢＳ這個得天獨厚的職場，逼自己轉換跑道，我也無法達成「在業績日本第一的公司成為日本第一業務」的目標。

如果一直捏著拳頭，就無法抓住「新的事物」。

想獲得什麼時，首先必須放開手。而且，**放掉的東西愈大，得到的機會也會愈大**。我透過親身經驗學會了這件事。

所以，我放掉「睡袋生活」這個「令我安心的源頭」，相信這麼做一定可以幫助自己找到全新的戰術。正因放手這件事很可怕，放手才有意義。也正因為放了手，才有可能拓展新希望。

31 只做自己認為「正確」的事

不知道「怎麼做」時，先從模仿成功者開始

要怎麼找到接觸經營者的門路？

這是放掉「睡袋生活」的我面臨的最大課題。

對於那個方法，我是毫無頭緒。這種時候，模仿成功者往往是最快的捷徑。我決定學習擁有許多經營者人脈的成功業務員。

他們有一個「固定公式」。

那就是和稅務會計師聯手。幾乎所有公司都有顧問會計師，在做出「金錢相關決策」

時，會計師對社長的「影響力」很大。

舉例來說，「投保對資金週轉和繼承問題都有幫助，我順便介紹值得信賴的保險業務員給您吧」，只要稅務會計師這麼說，大部分社長應該都會考慮「那就聽聽保險業務員怎麼說好了」。

如上所述，借用稅務會計師的「影響力」，即可建立起與社長的人際關係（當然，業務員必須支付介紹費給會計師）。這在保險業界稱為「稅務會計師行銷」，的確是一套合理的業務行銷手法。

所以，我也很快地嘗試了。

我去找各種稅務會計師，拜託對方「介紹哪個社長給我認識吧？」實際上也真的有人幫我介紹。然而，這種時候，我對於與會計師聯手這件事，感到非常的不對勁。

只能做自己認為「正確」的事

不、打從一開始我就感到不對勁了。

因為，在跟這位會計師介紹的社長第一次見面前，會計師就先對我說：「作為公司的節稅對策，希望那位社長能照這個規劃投保。保費大概這樣。」而他提出的是相當高額的保費。

我心想：「咦？這樣太奇怪了吧？」

因為，我才是保險業務員啊。**在身為保險業務員的我跟客戶，也就是社長本人見面前，稅務會計師就先決定好「保單內容」，這明顯不對勁**。跟社長聊過之後，審慎仔細地按照社長及公司的需求擬定保單內容並做出提案，這才是我的工作。所以，那時我只是對稅務會計師打馬虎眼說：「總之我先跟社長見個面吧。」

實際與社長見面，聽他說了就知道，稅務會計師提出的保額，對公司而言很有風險。這是因為，這間公司雖然營業額跟淨利都有提昇，現金流卻不夠。因為是製造業，現金的「出」與「入」有很大的時間差。再者，因為必須有庫存，實際上現金進來的時機完全難以掌握。

所以，在現在這個時間點支付稅務會計師提出的高額保費，或許一時之間能達到很好的節稅效果，但也肯定會造成經營上的風險。

我老實對社長說了這件事。

於是，在社長的同意下，最後以比稅務會計師當初提出的版本要低相當多的金額，簽訂保單合約。

然而，這個做法引起稅務會計師強烈不滿。結束與社長的會面，稅務會計師就向我抱怨：

「為什麼要降低金額？你說的意思我不是不懂，但那間公司的現金流一直都是我在看的，我有好好看著，照我說的金額做就對了！」

他最後又說了一句話，讓我大受衝擊。

他這麼說：

「要不然，我拿到的抽成會變少。」

我相信會說這種話的稅務會計師很少，只是我剛好遇上，還跟對方合作了。不過，這時感受到的不對勁成為我下定決心的關鍵，我反射性地想：「不要再跟這個稅務會計師合作了」。

為「眼前的」客戶做出最好的服務，又能為彼此帶來利益，這才是業務員的工作。

可是，這個稅務會計師**只為了自己的利益，就想從「眼前的」客戶身上「榨取更多東西」，這種想法就我看來是非常不可取的事**。只做自己認為「正確」的事是我的鐵則，所以，我當場就跟那個稅務會計師說「這份工作我拒絕做下去」。

依賴仲介者，生殺大權會被對方握在手中

結果，我從此不再碰「稅務會計師行銷」。

當然，我必須強調，抱持那種想法的稅務會計師很少，我身邊擅長「稅務會計師行銷」的業務員也完全沒有人抱持那種想法。每個人都認真思考如何為客戶帶來最好的服務。

只是我自己不適合而已。

因為「介紹人」的立場一定優於「託人介紹」的人。換句話說，只要用「稅務會計師行銷」一方式工作，掌握主導權的人就會是稅務會計師而不是我。首先這就不適合「自我主張強烈」的我了。**自己的工作，我希望能靠自己掌舵**。

再者，一個不小心，我還很可能把稅務會計師當成客戶。

只要與能幹的稅務會計師合作，簽下大型保單合約的機會或許能夠增加。老實說，我也非常想要那樣的業績。可是，正因如此才很危險。

跟有力的稅務會計師合作並嚐到「甜頭」後，為了打好跟這稅務會計師的關係，我很可能會忘了真正的客戶是社長，反而視稅務會計師為自己服務的對象。因為我深知自己「是個軟弱的人」，才更害怕做出那種事。

所以，我決定在自己的業務活動中，都不跟稅務會計師聯手了。

這並不表示我不信任世上所有稅務會計師。實際上我也認識許多了不起的會計師。我是因為深知自己「自己的弱點」，才決定刻意與「稅務會計師行銷」保持距離。

後來證明，這是一個正確的決定。

靠自己的力量與經營者等富裕人士建立關係，雖然需要投入很大的工夫和努力，但是一旦建立起來了，與這些具備社會影響力的客戶之間，就不需要依靠稅務會計師等第三者的仲介，直接產生「一對一的關係」（當然也不用付介紹費給會計師）。

這麼一來，業務員的「強大」就此誕生。在透過第三者與客戶建立關係的情況下，一旦自己與仲介者之間關係惡化，立刻就會失去與客戶之間的關係。換句話說，生殺大權都操在仲介者手中。

然而，**只要與眾多強大客戶直接建立起一對一的信賴關係，就不用怕遭到第三者破壞**。從中獲得的「強大」，值得業務員拚了命去爭取。

32 不要「找答案」，要自己「製造答案」

抵達山頂的路徑有「無限」條

遇到不順利的事實，我經常想像「登山」。

舉例來說，假設以山頂為目標，從登山口進入後，卻遇到坍方阻斷去路。如果是你會怎麼做？

或許有人會做出「這樣就無法登山了」的判斷，決定回頭。但我不會這麼想。

找其他登山口進去也可以，如果別的登山口還是不行，不走登山道還是可以上山。從山腳下出發，以山頂為目標即可。自己開拓出一條登山道，必定能攀上巔峰。我認為，**抵達山頂的「路徑」有無限條**。

所以，想靠「稅務會計師行銷」與經營者們打好關係卻不順利時，也不用因此失望。沒必要堅持「稅務會計師行銷」這個「方法（登山口）」。找別的登山口就好。

於是，我下一個注意到的是「交流會」。

觀察透過法人行銷獲得優秀業績的業務員，我發現他們經常參加包括經營者在內，上流階級雲集的「交流會」，從中建立人際關係。

所以，我也立刻嘗試參加各種交流會。

這種時候，最重要的是增加參加的交流會「數量」，短期間內頻繁出現在交流會中。只不過，採取新的行動，就等於一切「從頭來過」。在交流會中遞出名片自我介紹，對方的反應卻是：「什麼嘛，是保德信喔……」我又一再經歷起這樣的事。

但是，我已經習慣被這樣對待了。

對方沒有錯，真要說的話，無法在見面五分鐘內讓人認為「這個人好厲害！」的我必須負起責任。**憤怒如果朝著別人是一把刀，但朝著自己就形成了能量**。我自然而然覺得：「要繼續磨練自己、提昇自己才行」，受到冷漠的對待反而給了我成長的機會。

決定「交流會」成果的，在於主辦者的「影響力」

經歷過各式各樣的交流會後，我也看懂了一些事。

首先，雖然概括稱為「交流會」，參加者的「類型」卻是五花八門。有些交流會的參加者讓我「想和這樣的人建立關係」，也有「總覺得跟這些人合不來」的交流會。

「為什麼會有這種差異呢？」我這麼想著，仔細觀察，很快就看出了答案。**決定參加者「類型」的，正是主辦者的「類型」**。只要主辦人是我「希望能跟他有所往來」的人物，參加他主辦交流會的人之後也都能展開愉快的溝通。

第二點，如果日後想跟在交流會上認識的人建立深入的關係，就必須借助主辦人的「影響力」。

說來理所當然，只是在交流會交換名片，聊過幾句話的對象，日後我也無法特地再去拜訪。尤其在知道我是「拉保險的」之後，對方對我保持警戒更是無可避免的事。

不過，我在跟主辦者建立良好信賴關係後，再發電子郵件給其他參加者打招呼時，一定會把主辦者放入「副本」，如此一來，產生的反應將呈現戲劇化的不同。幾乎百分之百能收到回信，之後多半也能順利進一步交流溝通。

仔細想想，這也是理所當然的事。會去參加這個交流會的，都是信任主辦人，或至少是想跟主辦人拉近距離的人。換句話說，整個交流會中擁有最強「影響力」的關鍵人物正是主辦人，如果我想跟參加者建立關係，最重要的關鍵就在**能否借助主辦人的「影響力」**。

簡單來說，為了透過交流會與經營者階層建立人際關係，首先要掌握的「關鍵」，就是與主辦人的關係。

所以，我會謹慎觀察主辦人的人品，找到「就是他了！」的人物，一邊與對方建立信賴關係，一邊參加他主辦的交流會，努力與交流會上眾多經營者等上流階級人士廣結善緣。

為了達成這個目標，我用的方法和過去在業務活動中培養出的做法完全相同。那就是，為需要實現「願望」的人介紹有能力幫忙解決「問題」的人。**幫忙牽起緣份，就能廣結善緣**。善用這個原理原則，不只經營者，包括律師、醫生、政治家與創業家在內，我逐漸與各行各業中擁有各種特質的人建立了關係。

當然，過程中我「不推銷」保險。

該做的不是這個，而是博得他們的認同，相信我是一個「值得信賴的保險業務員」。這麼一來，總有一天，當他們本人或身邊的人有保險需求時，大家就會想到可以聯絡我。我想建立的是這樣的關係。

主辦交流會，創造自己的「影響力」

只是，過了半年左右，我又發現一件事。

根本沒必要借助別人的「影響力」。我原本都借助交流會主辦人的「影響力」，開拓與參加者之間的人際關係，但是，**只要成為主辦人，主辦交流會，我自己就能擁有「影響力」**。

那時我也開始累積出一些能主辦交流會的實力了。

除了之前業務活動中培養出的人際關係，在參加過的大大小小交流會中認識很多具有魅力的人，廣結了善緣，要是能為大家個別牽線，相信大家也會很開心。所以，參加我主辦的交流會並感到大有收穫的人也愈來愈多。

因此，我定期舉辦交流會，為了「召集參加者」而四方奔走，拜託已經結識的人帶他們的親朋好友來參加。身為最有「影響力」的主辦者，與參加交流會的人士建立起強而有力的關係。

不要「找答案」，要自己「製造答案」

只不過，這樣的機制也有其極限。

的確，透過主辦交流會的行動，我順利與許多人廣結善緣。可是，參加交流會的人數眾多，又經常採用站著吃的自助餐形式，來參加的人多半比較年輕。在交流會這樣的地方，不容易結識上市上櫃企業經營者，更遑論與他們建立關係。

於是，我慢慢開始從交流會改成**只限極少人數參加的餐會**，摸索出如何開拓與「大人物」之間人際關係的方法。之後，這個方法使我的「業績」有了戲劇化的進展，關於這點，之後會再說明。

總而言之，我就這樣掌握了與上流階級建立關係的機會。

起初，我放棄「稅務會計師行銷」，改用「交流會」的方式。接著，我借用主辦人的「影響力」廣結善緣，更進一步自己成為主辦人，走出了「另一條路」。最後，我從交流會轉往少人數的餐會，達到當初設定「與上流階層建立人際關係」的目標。

回到開頭的比喻，我就像放棄了「稅務會計師」這個登山口，改從「交流會」這個登山口爬山。

接著，我一邊走在登山道上，一邊慢慢往另一條「自己當主辦人」的山道移動，之後又再移動到另一條名為「舉辦少人數聚餐」的山道。我自己的感覺是登山到一半，從原本整頓完善的山路踏入草叢，努力開山闢路，朝目標「與上流階層建立人際關係」的山頭前進。結果，我創造出好幾條能夠通往山頭的路。

當時，我想起的是京大美式足球隊水野教練說的話。

「考大學讀的書一定有『正確答案』，所以，努力唸書參加大學入學考，最後考上京大的你們有個很不好的地方，那就是動不動就想找『正確答案』。**要知道世上沒有『正確答案』，『答案』是要靠自己做出來的東西**。」

正是如此。

業務員獲得成功的方法是什麼？我認為，有一百個業務員就有一百種方法。所以，我用的方法也未必是「正確答案」。

重要的是自己在錯誤中嘗試、修正，持續以山頂為目標前進。要是登山道被坍方阻斷無法前進，那就繞去另一個登山口，也可以走看不到路的地方。隨機應變，改變「方法」，不屈不撓朝山頂前進，總有一天必定能用**自己的「正確答案」抵達山頂**。

33 著手「報恩」，機會就會來臨

舉辦高「品質」的聚餐，提高自己的「價值」

如何與經營者等上流階層建立關係呢？

對業務員來說，這是非常重要的課題，我也在錯誤中不斷嘗試，最終摸索出以「少人數餐會」為主的方式。為此，平日我會將拜訪客戶的工作都在傍晚前結束，每天晚上都用來主辦餐會，改為與各界上流階層人士深入交流的生活型態。

為了更加廣結善緣，我也花費了一番心思。

起初，我和朋友一起舉辦多場「社長聯誼」。這裡說的聯誼，不是找女孩子來參加的聯誼，而是只有社長聚集的餐會。比方說，我請經營不動產的朋友邀請三位社長，我自己也邀請三位經營者，總共八個男人一起聚餐。

同為經營者，能在餐會上彼此暢談「願景」與「煩惱」，對參加者來說是很值得高興的事。有時，彼此之間還會聊出事業上的相乘效果，互相交流資源，甚至有人後來還成為事業夥伴。

這樣的餐會，對參加者而言非常具有價值。**身為主辦人的我「身價」自然也跟著水漲船高**。正因如此，後來我才能個別與參加者建立關係，培養出堅實的關係。

所以，我絕對不會為了「炒熱氣氛」請女孩子來參加（當然，也會有邀請女性經營者來聚餐的時候）。要是現場有炒熱氣氛的女孩子，大家的話題無論如何都會變成「閒聊的玩笑話」，**就算當下氣氛歡樂，也絕對無法成為未來的「資產」**。

當然，在應酬的場合，難免有人要求業務員找女孩子參加。不過，我完全不和這種人往來。因為我認為，和這樣的客戶不可能建立長期的信賴關係，人際關係也無法維持長久。

我自己在ＴＢＳ工作時，經常參加氣氛歡樂熱烈的「聯誼」。但是，當時玩在一起的朋友，幾乎所有人都在我離開ＴＢＳ時就斷了聯絡。因此，我知道那種場合絕對無法建立真正的信賴關係。

聚餐一律「各付各的」

附帶一提，餐會上我連一滴酒都不會喝。

前面已經寫過，參加聚餐時我一定開車赴約，強迫自己「不喝酒」。再者，聽到我說「其實我很愛喝酒，只是希望能以萬全狀態和明天的客戶見面，為了不讓自己喝酒失態，刻意開車過來」，這種重視客戶的態度也會博得眾人好感。我想，這也是我主辦的**餐會能保持良好品質談話內容的原因之一**。

另外，餐費一律「各付各的」。

或許有人認為當業務的就該「請客」。但我認為這是錯誤的想法（平時白天約在咖啡店的商談，業務員請客戶喝杯茶或咖啡倒是應該……）

畢竟我舉辦的餐會，並非為了討好客戶，讓客戶買下我商品的「招待餐會」。我不是為了賣保險而舉辦餐會（在餐會上完全不提保險的事），是為了讓包括我在內的所有參加者都能享受一段「最高品質的時光」，帶著對自己有益的收穫回家。

所以，所有**參加者之間，都是對等的關係。誰「招待」誰，或誰「被招待」都是不自然的事**。

如果不「各付各的」，帶著這種心情前來的參加者反而會表達不滿。

這大概是因為，明明沒有被「請客」的道理，卻讓我「招待」了，感覺就像「欠」了我什麼，會讓大家感到不舒服吧。正因大家都有這種共識，我才確信彼此能夠建立長期的信賴關係與人際關係。

事先做好「想安排對方見面的人清單」

一開始，光靠我自己的人脈，還不足以主辦「社長聯誼」，於是採取和其他業務員共同舉辦的形式，慢慢建立自己的人脈網絡後，我一個人也能獨力主辦餐會了。

為此，我隨時都會準備好「想安派對方見面的人清單」。

從之前與自己結緣的人們當中，思考「把這些人聚集起來一定能度過一段歡樂時光」、「這個人和這個人要是認識了，肯定會發生些有趣的事」、「這位和這位一定意氣相投」……以這些觀點來決定餐會成員，做成清單。

主辦餐會時，最有機會創造出美好時光的方法，就是**召集「具有共通點」的成員**。「都是第二代社長的聚餐」、「同一縣市出身者的聚餐」、「大家都愛打高爾夫球的聚餐」……像這樣將具有共通點的人聚集起來，即使初次見面也能馬上打成一片。

當大家打成一片了，我這個主辦人也不用勉強炒熱氣氛，對話自然熱烈，這場餐會就成為「美好的場合」了。

順帶一提，我**連座位都會事前安排好**。

考慮每位成員的年齡、社會地位與契合度，思考「誰坐誰隔壁好，誰坐誰對面好」，設計出能讓氣氛更融洽的座位順序。一般聚餐時，第一次見面的人往往彼此讓位，遲遲無法決定誰坐哪，事先安排好也能消除這份壓力。

包括「願景」和「煩惱」在內，選擇什麼話題都能聊的場地

還有，餐會上眾人不自我介紹，而是由我一一「代為介紹」。這點滿重要的。因為對不擅長自我介紹的人來說，被要求自我介紹除了徒增痛苦之外什麼都不是，要他們靠自我介紹炒熱氣氛很難。每個人輪流自我介紹完後，氣氛往往變得很尷尬。

倒不如由我簡短介紹每個人。這麼做的好處是，**當事人難以啟齒的「自己的功績」也能透過我的嘴巴說出來**。

比方說，事業有成的經營者如果自己這麼說，聽起來就變成了「炫耀」。由我來說的話，就可以這麼介紹：「這位是去年公司營業額翻倍，身為經營者狀況絕佳的○○先

生。」這麼一來，其他參加者也不會遺漏這項「重要資訊」，還有助於豐富之後的對話，更別說當事人被我這麼一誇，心裡也很高興。

結束「代為介紹」後，剩下的基本上就交給成員自然發展了。認識在場所有人的只有我，要是我太出風頭，我就會成為對話的中心人物。這麼一來，其他人很難打成一片，發展不出良好關係。最好盡可能讓參加者自行掌握會話時的主導權。

如果看到有誰話比較少，就把話題導向他，若是話題出現空白，就提出新的話題，善盡協助所有人開心度過餐會時光的職責。

有時我也會主動提一提自己在工作上的「願景」與「苦惱」，製造「什麼都可以聊」的氣氛。

每個人在籌劃遠大願景時，一定也會有不為人知的煩惱，**想要在「安全的地方」說給誰聽**。為了讓我主辦的餐會成為如此令人放心的一個地方，身為主辦人的我有必要先「開誠布公」。

在好好聽完參加者的「開誠布公」後，把對方的苦惱「當成自己的苦惱」，拚命思考有沒有什麼方法能幫助他達成「願景」，積極解決對方的「煩惱」。看到主辦人表現出這樣的態度，其他參加者也會共襄盛舉。這時，即使只是一群初次見面的人聚集的場合，也會產生互相支持幫助，有如「同志」一般的關係。

著手「報恩」，機會就會來臨

當然不是每次都會發生這樣的事。

只是，參加我主辦餐會的人，包括企業經營者在內，都是拚命經營人生的人，**大家都對彼此的「願景」或「煩惱」有所共鳴，餐會本身也成為充滿積極向前能量的場合。**

於是，過了一陣子，還會有人特地對提供了這個「場合」的我表達謝意。

前幾天就發生了這麼一件事。

那是一場聚集了七位經營者的餐會。他們彼此是第一次見面，但每個人都和我有多年交情。一開始，大家興高采烈地聊著關於經營的話題，喘口氣之後，其中一人忽然這麼說：

「忽然想起，我第一次和金沢先生見面時，正好是公司快要倒閉的時候。那時金沢先生給了我好多鼓勵，讓我重拾積極向前的心態……」

這麼一來，其他人也紛紛說起類似的事。

「我也是，認識金沢先生時的事，到現在還記得很清楚。那是下個禮拜如果籌不到資金，公司就要垮掉的時候……」

「拜金沢先生介紹的人之賜，推出暢銷商品，挽救了公司的危機。」

「金沢先生真是我的福神。」

他們這些話，讓我很高興。

當然，我只是「碰巧」在那些時機認識了他們。可是，在餐會等場合，**不管聽到多痛苦的事，我都會盡力從中找出「積極正面的材料」，只去思考和提出「如何讓事情往光明面好轉」的話**。要是這麼做能多少為大家貢獻一點力量，我就真的太開心了。

追根究底，我和重視的對象認識時，也常是在自己特別痛苦難受的時候。正因在這種時候獲得對方的鼓勵或助力，內心更充滿了感謝之情。

因此，**我也會想用自己的方式報恩，希望能為認識的每個人貢獻一己之力**。透過聚餐牽起各種人之間的緣份，背後有的正是這麼一份「心意」。

而這樣的關係，又為我帶來更多機會。

在餐會上，我絕口不提與保險業務相關的事。不過，大家當然都知道我是「拉保險的」。所以，等他們自己有保險需求時，第一個就會來聯絡我。

比方說，都認識兩三年了，某天才突然收到電子郵件，內容是「三月公司結算後會有十億日圓左右的收益，想跟你見個面討論一下節稅相關的事」。只要與我建立起這種關係的經營者「母數」愈多，就會像「天上掉下禮物」般每天都有人與我聯絡，成為我的業績。

34 首先，最重要的是自己「樂在其中」

只要還在做「業務員」的工作，就只會是「one of them」

首先，要自己「樂在其中」——

為了與經營者等上流階層建立關係，我深切體會到這是多麼重要的事。只要還把主辦餐會當成「業務員」的工作，無論如何都有面臨極限的一天。

大家一定也能輕易想像，除了保險業務員，上流階層人士的身邊會有多少各行各業的業務員聚集。只要我還只是其中一個「業務」，對上流階層人士而言我就只不過是「one of them」。所以，前提是必須破壞「以業務員身分見面」這件事。

要達到這個目的，最有效的方法就是找出自己身為一個人「喜歡的東西」、「自己最能樂在其中的東西」，然後分享給大家，和大家一起同樂。當自己先「樂在其中」了，參加餐會的大家也會「開心享受」，直到這時，我才能從一介業務員成為對眾人而言「特別的人」。

以我的情形來說，我喜歡的東西就是「肉」。

身為一個業務員，不分西式、日式或中式料理，我有許多「愛店」，用來當作和各種客人聚餐的場地。其中，我自己最喜歡吃的就是肉類料理，對於提供肉類料理的餐廳，我就不特別當作「和客戶用餐的工作場域」，而是當作自己的興趣嗜好，徹底追求極致。

我上遍號稱名店的肉食料理餐廳，找到自己中意的店，就不厭其煩地上門光顧，直到變成「常客」。這些店都是「平常很難預約到」的餐廳，在我努力與老闆建立「家人般」的關係後，往往能獲得優先預約的特權。

我去這些餐廳用餐，為的不是「用來提昇業績」，而是為了滿足自己「自己想吃最美味的肉食料理」、「想和美好的對象一起享用美味的肉食料理」的心願。然而，**卻能從中創造出巨大的「價值」**。

追求「喜歡」的事物，才會產生「特別的價值」

打個比方吧，假設在與我有交情的經營者人脈中，有一位我很想見面的「大人物」。可是，就算可以請經營者介紹我與大人物見面，這樣的「大人物」也不會輕易跟別人一起吃飯。這時，「很難預約到的名店」就有其價值了。

再怎麼樣厲害的「大人物」，碰到「很難預約到的名店」也無法隨心所欲地進去。若是可以邀請他到這間店用餐，他或許會說「好，那就去見個面吧」。

到了店裡，看到很有個性的店老闆跟我交情親暱，近距離觀察我的言行舉止，也能讓大人物心想「這傢伙滿有能力的嘛」。預約得到「很難預約的店」，**其實某種程度就發揮了社會地位的作用**。

不只如此，邀請來參加餐會的都是「熱愛肉食料理」的人，會場氣氛自然熱絡愉快。因為氣氛好，對話也就踴躍熱烈，大家開始聊起平常不會說出口的「真心話」，就這麼成就了一場「高品質的聚會」。

主辦這場餐會的我的「價值」因此受到認同，日後或許還有一對一見面商談的機會。

就像這樣，**只要極致追求自己「喜歡」的東西，和眾人同樂「共享」**，即使是和遠在天邊的「大人物」，也有希望建立起人際關係。

用乘法發揮最大「價值」

另一個大有幫助的嗜好是「高爾夫球」。

我各種運動都喜歡，加入保德信人壽後，更是一頭栽進了高爾夫球的世界。

起因是我去看了在美國舉行的高爾夫盛典「美國高球名人賽」。

TBS時代曾經負責轉播名人賽的我，一直沒有去當地看過球賽，也從沒想過要去。

然而，我很喜歡且常去的燒肉店老闆是狂熱的高爾夫球迷，長年都會去美國觀賞高球名人賽。有次他問我：「要不要一起去看名人賽？」

當時，我自己沒有打高爾夫球的經驗，也沒太大興趣，雖然心裡猶豫「要去嗎……」，根據ＴＢＳ時代的經驗，我知道舉辦名人賽的場地「奧古斯塔高爾夫球俱樂部」是一個很厲害的地方，觀賞名人賽的入場券也不是有錢就買得到的東西。所以，難得有這樣的機會，我就決定去看了。

實際上到現場觀賞名人賽時，親眼看到對高爾夫球選手而言宛如夢想的場地，以及世界最高等級的賽事，不由得對自己不打高爾夫球這件事感到失禮。於是我下定決心，「**來打高爾夫球吧，就從自己主辦高爾夫球比賽開始**」。

這件事後來創造出我意想不到的「價值」。

實際開始打高爾夫球後，和各方人士見面時，只要一說「其實我開始打高爾夫球的原因是去看了高球名人賽」，不管誰聽了都會驚訝地問「咦？看了高球名人賽才開始打球？」、「怎麼去得了？」、「票怎麼買到的？」簡單來說，大家都因此對我產生了高度興趣，心想「這傢伙何方神聖？」」，這件事也在某種程度上發揮了社會地位的作用。

不只如此，只要提出可幫對方安排與他認為有魅力的人一起打高爾夫球，對方回答「我一定要去」的機率都會相當高。

舉例來說，有一次，我正好有機會和一位年營業額超過一兆日圓的「超重量級經營者」說話，對方非常喜歡棒球和高爾夫球，對我的「高球名人賽」話題也聽得津津有味。這時，我趁機提出相熟的棒球選手名字，表示「要不要幫您約他一起打高爾夫球？」（**利用「高爾夫球」與「棒球」的相乘效果，將價值提升到最大。**）

這麼一來，即使是平常不可能把我看在眼裡的「大人物」，也幾乎都二話不說地回覆「ＯＫ」。而且，為了調整日期，我們還互加了LINE好友，成為不用透過秘書也能直接聯繫的關係。

進入對方的人生「時間軸」

打完一場高爾夫球後，誰都不會再把我當成單純「拉保險的」。我**不管跟誰一起打高爾夫球，都絕對不會當成「應酬高爾夫」**。遵循高爾夫球「紳士運動」的精神，和一起打球的人保持對等關係，總之就是盡興享受打球的樂趣。我總是全力揮舞球桿，無論打出好球或ＯＢ球，也絕對不會口出負面言論。我一定徹底享受最愛的高爾夫球，在球場上和大家開心聊天。

當然，對話中完全不提「保險」的事。不過，我會跟大家分享自己辭去ＴＢＳ工作的原因，進入保德信人壽成為「日本第一」的過程，以及獲得ＴＯＴ認可等事蹟。聽了之後，對方也會把我當成一個商務人士來尊重。

還有，我在高爾夫球場上絕對不搭高爾夫球車，完全靠自己雙腿移動。我的高爾夫球裝和高爾夫球桿都是粉紅色，這樣的我令人印象深刻，不再只是「一個保險業務」，而是以「金沢景敏」的身分獲得認識。同時，也能讓人心想**「這傢伙挺有趣的嘛」**、**「和這傢伙往來應該很有意思」**。

我會用「進入對方的人生時間軸」來形容這樣的事。

有在玩網路社群的人應該懂這個意思，申請「好友」獲得承認後，才能看到對方在時間軸上的貼文。和這一樣，讓對方認為「這傢伙挺有趣的」、「和他往來應該很有意思」，成為對方時不時就會想起的存在。

只要能夠進入對方的「人生時間軸」，哪天他有保險需求時，就會來聯絡我。

就算到處推銷「請跟我買保險」，也只不過是為數眾多的「業務員」之一，只是「one of them」罷了。可是，如果能進入對方的人生時間軸，**接下來只須等待對方來聯絡說「我想買保險，金沢先生，麻煩囉」**。

要達到這個境界，最重要的是創造「只有自己能提供的價值」。

以我的例子來說，那就是「肉食料理」和「高爾夫球」。因為我自己實在太喜歡「肉食料理」和「高爾夫球」了，盡我自己所能極致追求這兩樣東西，漸漸成為只有我能提供的「價值」。

不用說，這只是我的狀況。重要的是追求你自己喜歡的東西。**正因為自己喜歡，才能達到別人無法輕易模仿的境界**。

接著，當你與其他人「分享」這些東西時，跟上流階層人士建立關係的機會就會從中誕生。以這層意義來說，唯有追求喜歡的事物，盡情享受人生。才最能提高身為業務員的「價值」。

35 不和「Taker」往來

不能搞錯「結緣」的對象

我一向認為，「善緣會愈結愈廣」。

至今與龐大數量的人們結識，有人將重要的保單交給我，有人為我介紹新客戶，有人提供我協助，有人給予我正面影響，我從大家身上受到言語難以形容的恩情。「拜這個人之賜，得以認識那個人」這樣的感謝心情，一年比一年深重。

正因如此，我不只把「廣結善緣」這件事視為業務活動的一部分，而是**抱著更純粹「報恩」的心情，想為自己眼前的人也介紹「結善緣」的對象**。這麼做，不但我個人的人脈網絡有了驚人的拓展，身為業務員的業績也因此獲得提昇。

只不過，也有必須非常注意的事。

那就是，不能搞錯「結緣」的對象。

這是我從悔恨不已的失誤中學到的教訓。幾年前，在忘了誰的介紹下，有個年輕男子來參加我主辦的餐會。他給人的第一印象非常好。長得好看，服裝清潔，性格也似乎很爽朗。不只如此，他以前還曾是打進甲子園的棒球選手。我最欣賞的就是運動員，也因為這樣，我把他介紹給很多人。

沒想到，後來引起了很大的問題。

原來他竟然是以投資當幌子進行詐欺的騙子。告訴我這件事的，是一位牙醫，我曾把那個年輕人介紹給這位牙醫。牙醫投資了他建議的事業，那個事業卻一直發展得不順利。後來，牙醫根本聯絡不上他了。簡單來說，他就是到處吸金後搞消失的騙子。

把他介紹給那位牙醫的人是我，我當然有責任。所以，我除了向被騙錢的牙醫朋友深深表達歉意外，也將這件事立刻向所有曾透過我介紹認識這個騙子的人報告，呼籲大家嚴加提防。

我還用盡全力想找出這個男人，只可惜力有未逮。真的很遺憾。遭到他的背叛，也讓我感到非常悲哀。包括牙醫在內的眾多被害人都接受了我誠心誠意的道歉，依然和我保持往來。只是，想到那時給大家添的麻煩，直到現在我內心都還很痛苦。

「別和運氣不好的傢伙往來」

這時，我想起一件事。

那是還在TBS時，一位很照顧我的演藝圈前輩對我說的話。

這位演藝圈前輩個性非常開朗，心地也非常善良。所以，在競爭激烈的電視圈才能活躍多年，是我非常尊敬的人。他曾這麼對我說：

「**別跟運氣不好的傢伙往來**」。

「運氣不好的傢伙」，是怎樣的人呢？

是倒楣的人？還是不順利的人？

我這麼問，那位前輩就對我說「不是那個意思」。接著，他告訴了我，以前他某任經紀人的事。

這位演藝圈前輩每次需要什麼，就把錢包拿給經紀人，請他幫忙買回來。有一次，前輩察覺錢包裡的錢減少的情形有異。明明沒花那麼多，錢卻少了很多。覺得奇怪的他，想出了一個辦法。他悄悄用紅筆把錢包裡的鈔票都做了記號。

幾天後，他對經紀人說：

「抱歉，我身上沒帶錢，先借我一點錢吧。」

經紀人說「好的」，交給了前輩幾張鈔票。前輩仔細檢查，上面果然有紅色記號。雖然內心非常遺憾，但他做出了嚴格的判斷。

「你被炒魷魚了，現在馬上離開這裡。這張鈔票上有紅色記號，那是我做的。你應該知道什麼意思吧？」

「Taker」會破壞一切

「這種人，就是我說的『運氣不好的傢伙』。」

前輩這麼說。接著他又說：「**和這種人往來，自己的運氣也會變壞。要是把這種傢伙的錢放進自己錢包，連自己的錢都會燒起來**」。

我對這番話的解釋是，簡單來說，所謂「運氣不好的傢伙」，指的絕對不是失敗的人，而是做出瞞騙他人，在背後詆毀他人等「壞事」的人。也可說是「只為了自己的利益就去搶奪別人東西」的人。換句話說，就是「Taker」。

的確，如果和「Taker」往來，自己的運氣變壞也是理所當然的事。這是因為，和「只為了自己的利益就去搶奪別人東西」的人往來，我也會成為被搶奪的一方。而且，對方一定也想搶奪我身邊其他人的東西，如此一來，**其他和我有往來的優秀的好人，肯定會紛紛從我身邊逃開**。

這是多麼可怕的事。

我一直以來都在增加「相信我這個人」的「母數」，也為這些相信我的人牽起「善緣」。也就是說，我建立的是以「信賴」為基礎的「群體」。

可是，如果群體裡混進了一個「Taker」，對我感到不信任的人愈來愈多，最後群體就會走向崩壞。到那時候，不只我的業務工作會跟著瓦解，我自己的人生也會受到大大的損傷。這真的是非常可怕的事。

和「Giver」在一起，自然拓展「美好的緣份」

我認為世界上有兩種人。

一種是「Taker」，一種是「Giver」。「Taker」就像前面說的，會「為了自己的利益奪取別人的東西」。另一方面，「Giver」則是懂得「帶給別人利益，自己也會獲益」的人。

人如果不掌握「利益」，就會活不下去。所以，「為自己謀取利益」這點完全沒有錯。倒不如說，不懂為自己努力的人才真的不行。**無法為自己努力的人，就無法成為為周遭謀取利益的「Giver」**。首先，得先珍惜自己才行。

不過，只因如此就像「Taker」那樣「從別人身上奪取東西」，藉以獲得利益的人，就算能有一時的成功，那樣的成功也無法維持長久。相比起來，長期下來過得順利的人，都是像「Giver」這樣懂得在「給予」的同時為自己帶來利益的人。

當然，**「Giver」之中也有無法成功的例子。原因出在他和「Taker」往來，結果被單方面地剝削了**。

只要放棄與「Taker」往來，只和「Giver」往來，人生一定會產生很大的變化。能夠為他人努力的人一旦獲得別人的給予，一定會付出回報。就算沒有回報到自己身上，那樣的人也一定會對其他人付出。就這樣，聚集了「Giver」的群體不斷成長，人生愈來愈豐饒。

所以，我只和「Giver」往來，我的時間也只和「Giver」分享。**為了不讓「Taker」混進自己的群體中，我小心翼翼地把關**。要找誰來參加我主辦的餐會，或是誰介紹了這樣的人來時，我必定會先和那個人一對一見面，仔細聽他說的話。謹慎判斷此人是不是「Taker」。

當然，這個判斷只是出於我的主觀，要做到百分之百準確的篩選非常困難。但是，從這個人的「生平」，到所有他說出口的話，總是能察覺「好像不太對勁」的地方。

舉例來說，前面提到那個曾經打進甲子園的騙子，後來仔細回想，就會發現他說的話裡有很多前後矛盾的地方。除非是頭腦真的非常好的人，要把「謊言」說得完美無瑕並不容易。一定會有哪裡出現破綻，或是留下令人懷疑的部分。

由於這會流於用「動物直覺」做判斷，所以我並不確定自己的判斷是否百分之百正確。只是，為了保護我想廣結善緣的「Giver」們，我得為自己的判斷負起責任，只要被我判斷為「Taker」，我就會跟對方保持距離，也不會讓他進入我的群體之中。

附帶一提，對於客戶，我也秉持同樣的方針。

即使是看上去狀況很好，好像順利賺了很多錢，或許會跟我投保高額保單的人，如果不知道對方具體從哪方面賺錢的話，我就會拒絕為他投保。因為我擔心把那樣的錢放進自己錢包，連我的錢都會燒起來。

與其用那種錢累積業績，**就算只是金額較少的保單，我也寧可收下每天腳踏實地努力工作的「Giver」客戶投保的費用，那樣絕對會讓自己「運氣」更好**。重要的不是金額大小，而是對方的生存之道。

此外，只要我能建立只有「Giver」的群體，我自己也會擁有很大的「影響力」。這是因為，當大家認為「金沢先生主辦的聚會可以放心參加，也可以帶重要的朋友去」或「把朋友介紹給金沢先生，就能將美好的緣份擴散開來」，群體將會愈來愈成長茁壯。為了達到這個目標，我自己也必須更加精進身為「Giver」的生存之道。

36 活出「自己的人生」

「私生活」愈充實業績就愈高，原因是什麼呢

各位還記得我用「顏色」管理行事曆手冊的事嗎？

和第一次爭取到見面機會的客戶見面的日子，我會用黃色螢光筆塗上顏色，第二次見面的客戶是綠色，第三次見面的客戶則是橘色。另外，私人時間的預定計畫則用粉紅色螢光筆做記號，像這樣以「顏色」區分自己的行事曆內容。

起初，我為了將見面客戶的「母數」拓展到最大值，一直維持一眼望去，行事曆中有一半塗上「黃色」的狀態。

但是，當我將工作型態轉移為以經營者等上流階層人士為對象後，慢慢地，我的行事曆裡「粉紅色」的記號增加了。到最後，幾乎整本手冊都塗上了粉紅色。

為什麼會這樣？

因為，和他們見面時，我不會做「推銷」工作。

即使和客戶見面，**我連保險的「ㄅ」字都不會提。我們只會聊些完全與保險無關的話題，或是一起開心地吃飯、打高爾夫球**。在我自己的感覺裡，與其說是去工作，不如說是私人行程。正因如此，客戶們也從見到我這件事裡找到了意義。

舉例來說，前幾天，一位和我關係很好的客戶，招待我去參加高級進口車的試乘會。因為不是為了「推銷保險」而去，在行事曆上寫下這個預定計畫時，我也就塗上了「粉紅色」。

實際上，心想帶小孩去他們一定也很開心，我們就一家大小一起去了試乘會。既然是私人行程，我穿的也不是西裝，而是粉紅色的便服。孩子們和我一起乘坐帥氣的高級進口車，興奮得不得了。

然而，即使我抱著私人行程的心情前往，試乘活動的主辦人卻不斷介紹前來試乘的客戶給我認識。

會來試乘高級進口車的，多半都是上流階層人士。我明明只是私下出門走走，卻又廣結了與許多上流階層人士的「善緣」。

從和一般「業務員」不同的「入口」進去

如果只做一般業務員的工作，很難有機會認識這一階層的人士。首先，對方就不願意見你，就算見了面，也只會說「我已經另外投保了……」通常業務就到此結束。

然而，當高級進口車的主辦單位將我以「受邀試乘者」的身分介紹給其他人時，我就像**從完全不同的入口走進上流階層人士的世界，得以與他們建立起人際關係**。只要如此建立起高品質的人脈網絡，就算只是私人行程，也有機會不斷「廣結善緣」。

所以，我**「跑業務」的工作漸漸減少，開始以塗上螢光粉紅色的私人行程為優先**。

當信任我的上流階層人士「母數」培育到了一定程度，即使我不行銷，不推銷，自然而然會有熟人來問我：「金沢先生，我想投保某某保險，可否跟您商量商量？」或是「我有朋友在考慮投保，您可以跟他聊聊嗎？」，這類狀況就會自然發生了。

看到這個，周遭的人都狐疑了。「金沢先生，你看起來好像每天都在玩樂，怎麼業績這麼好？」其實，沒什麼好奇怪的。只因**我長年重視培育「善緣」，名為「保單合約」的禮物才會從天上掉下來。**

業務工作，就是請對方買「我這個人」

到這邊為止，我寫下來的是自己成為保德信人壽保險業務員後所做的一切。

簡單扼要地說，我賣的不是「人壽保險」，我揮汗努力工作，拚命絞盡腦汁，為的是增加信賴「我這個人」的人們「母數」。

說起來，**業務的本質就不是「銷售商品」，而是請對方買「我這個人」**。所謂「買我這個人」，其實就是讓客戶說出「我想跟你買東西」。所以，不只賣保險，就算是賣不動產或賣車，不管賣什麼我都有自信賣得出去。

那麼，為了讓客戶「買我這個人」，最重要的是什麼？

我認為，可能**沒有比「活出自己的人生」更重要的事了**。因為，過去認為「我這個人」有趣，或疼惜「我這個人」、信賴「我這個人」的人們，都是對「我的人生」感興趣，進而願意支持我的人。

前面也提到很多次，我從ＴＢＳ離職，是因為不想看到自己只因電視台的「金字招牌」就受人阿諛奉承，產生自己很了不起的錯覺。我覺得那樣很難看。其中也有我對自己在京大美式足球隊時代沒能拿出「真心」打球而產生的後悔。

之後，我成為全佣金制的保險業務員，在保德信人壽經歷無數失敗與挫折，過著「睡袋生活」，拿下「日本第一」的榮耀。我想那是因為我拚命奮鬥的姿態，**獲得許多人的共鳴，進而得到他們的支持**。

活出「自己的人生」，支持自己的人自然會出現

還不只是這樣。

其實，我想成為保險業務員，還有另一個原因。

我的前半生都與運動分不開。和一般常見的小男孩一樣，我從小就崇拜運動選手，看完電視上轉播比賽的隔天，到學校就和朋友一起模仿最喜歡的選手。隨著年紀增長，對「運動」的愛愈來愈澎湃，國中高中都打棒球，上大學後則熱衷於美式足球。

後來我進入TBS電視台，做了與體育節目有關的工作。在體育競賽第一線接觸到許多運動選手後，我感覺到一件事。那就是，比起現役時代，退休後的運動選手中，比現役時代「表情更有活力」的很少。

運動員都是從小就把一切獻給運動，付出壓倒性努力的人。可是，反過來說，這也代表他們「除了運動以外的事什麼都不懂」。正因如此，從第一線上退休後，很多運動

選手無法適應社會，過得很辛苦。

不只如此，有些選手年紀輕輕就拿到高額簽約金或年薪，金錢觀念都錯亂了。如果能長年活躍於第一線還算好，但這樣的選手只有極少數。多數人都是帶著錯亂的金錢觀念，年紀還很輕就不得不引退，出社會後無法順利適應，之後的人生充滿苦難。

我從還在TBS的時代就一直想解決這個問題。

希望自己崇拜的運動員們，在引退後也能保持帥氣的模樣。希望他們整個人生都閃閃發光。所以，我這麼想。**如果那裡只有「課題」而沒有「解決方案」，那就由我來想出解決這個「課題」的「解決方案」吧。**

首先，為了幫運動員守住財產，我矢志成為壽險業務員。所以，我加入保德信人壽保險後，除了做業務員的工作，還常跟認識的律師、稅務會計師及一般會計師合作，為運動選手提供金錢相關的諮詢。

只是，光守住金錢還不夠，為了讓退休後的運動選手也能在社會上一顯身手，我深切體認到必須有場所和機會讓他們學習如何在社會上工作。然而，該怎麼做才能把這個想法化為事業，我是一點頭緒都沒有。於是，我常找透過工作認識的經營者商量這方面的問題。

提供我意見的經營者們，本身都是在工作上描繪了願景，拚命努力實現的人。對於我提出的商量內容，有的人有所共鳴，有的人願意與我一起絞盡腦汁，有的人給了我很多幫助。

就這樣，把「幫助退休後的運動選手擁有活躍人生」當作一輩子志業的「我這個人」，受到許多人的支持與協助。對此，我真的由衷感謝。

所以，我這麼想。

「推銷商品」不是業務員的工作。

只要拚命活出「自己的人生」，願意支持「我這個人」的人就會出現。當支持「我這個人」的諸位人士「需要那項商品」時，自然會來跟我說「想找你買」。這時，才是開始做「業務員工作」的時候。

後記

業務真的是一份很棒的工作——

寫完這本書後，我再次這麼體認。

因為成為業務員，我得以改變自己的「思考」、「生存之道」及「本來的樣貌」。因為與業務這份工作相遇，我才得以遇見新的自己。

在TBS時，只要遞出名片就會有人上前逢迎獻媚，一成為業務員的瞬間，很多人立刻從我身邊離去。別說見面，連聯絡都聯絡不上。面臨這樣的狀況後，我才第一次打從心底為「別人願意跟我見面」這件事感到開心，遇到願意介紹其他對象給我的人時，也能夠打從心底感謝。心想，因為有這個人在，我才能認識那個人。做業務工作開始有點成果時，內人對我說：「你變得經常說謝謝了呢。」我還記得自己對這件事感到非常開心。

我認為，是業務這份工作培育了我。

懷著這份感謝的心情，我將自己從業務工作中學到的一切寫成這本書。我想和大家分享的事很單純，那就是——能量愈用就會愈多，與人的善緣愈結就會愈多，能力也是愈發揮就會愈多。所以，不要嫌可惜就收著不拿出來。有多少用多少吧。我想說的只是這個。

所有人都擁有上天賦予的「能力」。我也有我被賦予的「能力」。所以，我想將這份「能力」運用到最大極限，為自己努力。接著，充實了自己之後，就能開始為周遭的人努力。只想著自己幸福就好的人，無法感受到真正的幸福。只有切身體會到這一點時，「業務」才會開始順利。

我在二〇二〇年十月底，從保德信人壽保險公司離職，自己創立了AthReebo股份有限公司。

公司名稱由「運動員（athlete）」與象徵整個人生都能大顯身手的「重生（reborn）場所」結合而成。運動選手的人生巔峰絕對不會停留在現役時代。世界上的人們也好，運動選手自己也好，普遍認為運動員退休後的人生是「第二生涯」，我想做的卻是顛覆這個既定概念，希望透過公司的活動推廣「引退後生涯更上一層樓」的觀念。

運動選手不是「人生只會運動」，而是「一直以來只有在運動」。只是，還有很多很大的課題需要解決。其中也有些人是「一直以來都不去做不想做的事」或「除了運動之外無法在其他事物上立定目標」，這也是不爭的事實。

所以，我想打造一個讓運動選手一邊工作，一邊學習社會上的事，學習怎麼做生意，學習如何經營……的地方。為此，我開了一間名叫「大阪醬汁燒肉丸29」的燒肉店。

做生意的原理原則是「讓眼前的客人感到開心，成為這間店（這個商品）的粉絲」。而能以最近距離親身體驗到這個原理的地方就是餐飲店。還有，這裡也是能對客人說「謝謝」，從客人手中收到錢的地方。餐飲業正可說是社會的縮圖。現在已經有退休下來的前摔角選手正非常努力地在店裡工作，歡迎大家來支持他。

我也籌組了一個以退休運動員組成的「最強業務部隊」。將我自己透過業務工作得到的實際體驗與培養出的思考法傳授給成員，希望他們藉此學會靠「自己的力量」也足以活下去的技能與思考法。

另外，我也打造了新的平台，讓頂尖運動員在此創造無可取代的「價值」，同時透過與社會的連結，讓他們也能獲得收益。我還正在思考如何運用平台收入的一部分投入社會貢獻，創造讓所有孩子都能接觸體育活動的機會。

「為了運動員，你就這樣放掉身為業務員的成功與地位？」

或許有人會這麼說，但我這麼做絕對不是為了運動員。這是我自己想做的事。我希望自己崇拜的運動員在引退後依然帥氣閃亮。我做這些只是在實現自己的願望。如此而已。

再說，放手才會有新的機會降臨。從早稻田大學退學時是如此，從ＴＢＳ離職時也是如此，放手這件事，讓我開拓出新的道路。捏著拳頭抓不住新東西，放掉的東西愈大，獲得的收穫也愈大。

此外，我認為做出「成果」就是比什麼都有價值的「報答」。

感謝將我扶養長大的雙親，感謝京大美式足球隊、ＴＢＳ、保德信人壽，以及所有關照過我的人。我想用「成果」來「報答」各位。今後，或許還有各種苦難等著我，但我一定會用在業務工作中培養的「思考法」開拓今後的人生。

最後想感謝本書編輯，鑽石出版社的田中泰先生，以及前職棒選手高森勇旗先生，承蒙你們諸多關照了。以前和高森先生聊過，如果出書就要請你幫忙，能實現這件事真的太開心了。

也感謝AthReebo的工作夥伴，謝謝你們一直的支持。尤其是用一句話讓我下定決心成為日本第一的草山貴洋先生。我們不但同一時期加入保德信人壽，你還在我成立AthReebo時願意跟我一起出來，真的非常感謝你。白石龍登，謝謝你幫忙檢查原稿。還有，也謝謝由紀小姐促成我對保德信人壽的放手。

另外，包括在京大美式足球隊、TBS、保德信人壽照顧過我的所有人，以及至今相遇、結識的所有人，我打從心底感謝大家。

最後是用滿滿的愛撫育我長大的雙親。沒有您們就沒有今天的我。老爸和老媽是我的驕傲。謝謝。我的太太明子、長女帆杏、長子榮己和次子榮將，一直以來謝謝你們。因為有這麼開朗熱鬧的家庭，我才能全力以赴而活。一切都拜明子的寬容大度之賜，我會用成果回報妳的。

創業之後的現在，正可說是和剛開始當業務時一樣，充滿必須「用積極正面態度記恨」的事。我還有得努力，一切才正要開始。我的人生才剛做完暖身操呢。所以，我會把與過去認識所有人的「善緣」當作「人生的資產」，用盡全力，在社會上創造新的「價值」。

由衷感謝讀到這裡的各位讀者。自己的人生，自己當主角。彼此都全力以赴地活下去吧。今後也請多多指教。

二〇二一年二月
金沢景敏

超級業務大全

見面即成交！日本傳奇業務員打造上億業績的實戰法則

作者金沢景敏
譯者邱香凝
主編吳佳臻
責任編輯哲彥（特約）
封面設計羅婕云
內頁美術設計李英娟・林意玲（特約）

發行人何飛鵬
PCH集團生活旅遊事業總經理暨社長李淑霞
總編輯汪雨菁
行銷企畫經理呂妙君
行銷企劃專員許立心

出版公司
墨刻出版股份有限公司
地址：台北市104民生東路二段141號9樓
電話：886-2-2500-7008／傳真：886-2-2500-7796
E-mail：mook_service@hmg.com.tw
發行公司
英屬蓋曼群島商家庭傳媒股份有限公司城邦分公司
城邦讀書花園：www.cite.com.tw
劃撥：19863813／戶名：書虫股份有限公司
香港發行城邦（香港）出版集團有限公司
地址：香港九龍九龍城土瓜灣道86號順聯工業大廈6樓A室
電話：852-2508-6231／傳真：852-2578-9337
城邦（馬新）出版集團 Cite (M) Sdn Bhd
地址：41, Jalan Radin Anum, Bandar Baru Sri Petaling, 57000 Kuala Lumpur, Malaysia.
電話：(603)90563833 ／傳真：(603)90576622 ／E-mail：services@cite.my
製版・印刷藝樺彩色印刷製版股份有限公司・漾格科技股份有限公司
ISBN978-986-289-674-7・978-986-289-675-4（EPUB）
城邦書號KJ2037 **初版**2021年11月 **二刷**2023年12月
定價450元
MOOK官網www.mook.com.tw
Facebook粉絲團
MOOK墨刻出版 www.facebook.com/travelmook

國家圖書館出版品預行編目資料

超級業務大全：見面即成交!日本傳奇業務員打造上億業績的實戰法則/金沢景敏作；邱香凝譯. -- 初版. -- 臺北市：墨刻出版股份有限公司出版：英屬蓋曼群島商家庭傳媒股份有限公司城邦分公司發行, 2021.11
352面；14.8×21公分. -- (SASUGAS ;37)
ISBN 978-986-289-674-7(平裝)
1.銷售 2.銷售員 3.職場成功法
496.5 110017934